材料学シリーズ

堂山 昌男　小川 恵一　北田 正弘
監　修

金属間化合物入門

山口 正治
乾　晴行　著
伊藤 和博

内田老鶴圃

本書の全部あるいは一部を断わりなく転載または
複写(コピー)することは,著作権および出版権の
侵害となる場合がありますのでご注意下さい.

材料学シリーズ刊行にあたって

　科学技術の著しい進歩とその日常生活への浸透が20世紀の特徴であり，その基盤を支えたのは材料である．この材料の支えなしには，環境との調和を重視する21世紀の社会はありえないと思われる．現代の科学技術はますます先端化し，全体像の把握が難しくなっている．材料分野も同様であるが，さいわいにも成熟しつつある物性物理学，計算科学の普及，材料に関する膨大な経験則，装置・デバイスにおける材料の統合化は材料分野の融合化を可能にしつつある．

　この材料学シリーズでは材料の基礎から応用までを見直し，21世紀を支える材料研究者・技術者の育成を目的とした．そのため，第一線の研究者に執筆を依頼し，監修者も執筆者との討論に参加し，分かりやすい書とすることを基本方針にしている．本シリーズが材料関係の学部学生，修士課程の大学院生，企業研究者の格好のテキストとして，広く受け入れられることを願う．

監修　　堂山昌男　小川恵一　北田正弘

「金属間化合物入門」によせて

　物質を構成する元素の数は限られているが，これらが結合した化合物は数多く存在する．それらの中で，金属元素を主成分とする金属間化合物は未来をひらく，魅力的で期待される材料である．鋼の強さが鉄を始めとする金属と炭素などの化合物に支えられているように，金属間化合物は欠かせない物質である．実用金属材料の多くは，このような金属間化合物の助けによって性能を飛躍的に伸ばしている．本書では，人類が生き延びてゆくための環境の改善に必要な，熱に強く，軽くて強靱な金属間化合物材料の実現を主題として，その基礎から応用までを分かりやすく解説している．著者はこの分野の第一人者であり，非常に良い教科書が出来上がった．学生を始め，研究者および技術者の方々にも本書を広くお勧めする．

北田正弘

まえがき

　南極大陸の棚氷崩壊による巨大氷山の誕生，シベリアの永久凍土の融解による沼地の出現，台風やハリケーンの巨大化など，地球温暖化の進行を示唆するニュースが相次いでいる．筆者は京都に住んでいるが，三方を山に囲まれた盆地のせいか京都の夏は大変厳しい．最近，この夏の暑さが毎年厳しくなるように思う．地球の温暖化は，上層大気中の炭酸ガスやメタンガスなど温室効果ガスの濃度上昇が原因であると考えられている．もしそうだとすれば，私達はその放出を減らすための努力を惜しんではならないと思う．

　1997年12月，京都で気候変動に関する国際会議が開催され，京都議定書が採択された．日本政府はこの京都議定書を批准し，必要な国内法を整備しつつあるから，私生活においても産業界においても，温暖化ガスの排出低減策をいままで以上に真剣に考えなければならなくなる．京都議定書によれば，日本は2008年から2012年までの5年間に，温室効果ガスの排出を1990年の水準より6％削減しなければならない．1990年の温室効果ガスの全排出量は12億2380万トン（CO_2換算），CO_2排出量は11億2380万トンである．それが2000年になるとそれぞれ13億3400万トン，12億3950万トンに増加している．2000年の温室効果ガス全排出量（CO_2換算）は，1990年の6％減のレベルより1億8000万トン以上も多い．CO_2に限れば，全排出量の約20％が運輸関係（自動車，船舶，航空機等）分野で排出されるといわれているから，2000年の運輸関係CO_2排出量は約2億5000万トンである．仮に，2000年の全CO_2排出量を1990年のそれの6％減のレベルにもっていくため，必要な削減量（約1億8300万トンに達する）をすべて運輸関係で行ったとすれば，自動車，船舶，航空機等の運航を約70％程度停止していなければならなかったことになる．これは極めて単純な計算ではあるが，京都議定書に基づく排出削減量が大変な数字であることを端的に教えている．しかも経済活動の進展と共

に，温室効果ガスの排出量は自然に増加する傾向にあるから，2012年に目標を達成するには，産業界ならびに国民一人一人の削減努力に加え，温室効果ガスの排出削減につながる新技術の開発が不可欠であることがわかる．

いま，この目標を達成するためのさまざまな方策が考えられているが，もっとも単純で，明快な方法の一つは，発電機やエンジンの効率を上げ，燃料の消費量を少なくすることである．そのためには，回転部の重量を減らすための軽量材料，しかもできるだけ高温に耐える軽量材料が求められる．しかし，軽さと熱に対する強さを合わせ持った材料を開発することは，実は簡単なことではない．伸びや強靱さといった金属材料に普遍的な性質をできるだけ確保しながら，"軽いこと"，"熱に強いこと"を突き詰めていくと必然的に本書の対象である金属間化合物に行き当たる．

本書では，熱に強い金属間化合物に注目しつつ，まず金属間化合物を取り扱うための一般的基礎知識について説明し，続いて金属間化合物を主体とする材料にはどのような優れた性質と問題があるのか，現在，どのような金属間化合物がどのようなところに用いられているのか等々について，できるだけ平易に解説したいと思う．本書では，単位はSI単位系，合金の組成は主にat%を用いるが，必要に応じてmass%も用いた．組成単位が自明でないときには，その都度単位を付した．

なお校閲者の北田正弘氏には，原稿のチェックと共に多くの有益なご指摘をいただいた．記して感謝の意を表したい．

2003年10月

著者3人を代表して　山口 正治

目　　次

　　　　　　　　材料学シリーズ刊行にあたって
　　　　　　　　「金属間化合物入門」によせて

まえがき ……………………………………………………………… iii

1　"熱に強い"ということ ……………………………………………… 1
　　1.1　耐酸化性がある　　2
　　1.2　高融点であり，強くかつ脆くない　　3

2　なぜ，特に"金属間"化合物とよばれるのか？ ………………… 7

3　金属間化合物相の現れ方―状態図上の特徴― …………………… 8
　　3.1　金属間化合物と規則合金　　8
　　3.2　状態図上の特徴　　9

4　金属間化合物の結晶構造と結晶構造検索の方法 ……………… 11
　　4.1　単位格子，結晶系，ブラベー格子　　11
　　4.2　Pearson symbol　　13
　　4.3　Strukturbericht symbol　　17
　　4.4　金属間規則格子化合物―変形能を期待できる金属間化合物―　　18

5　どうして金属間化合物には脆いものが多いのか？ …………… 22
　　5.1　パイエルス応力　　22
　　5.2　具体的な変形機構に基づいた考え方―ダブルキンクモデル―　　26

5.3　破壊力学的視点に立った考え方　*29*
　　5.4　脆さを越えて　*34*

6　面欠陥，転位，双晶 …………………………………………**37**
　　6.1　逆位相境界と転位　*37*
　　6.2　L1$_2$ 構造の積層欠陥と転位　*41*
　　　　6.2.1　fcc 構造の積層欠陥と転位分解　*41*
　　　　6.2.2　L1$_2$ 構造の面欠陥と転位分解　*45*
　　6.3　転位の分解がおこらなければ？　*48*
　　6.4　規則-不規則変態によってできる APB　*49*
　　6.5　双晶と双晶境界　*51*

7　金属間化合物中の点欠陥と拡散 …………………………………**56**
　　7.1　構造欠陥　*56*
　　7.2　拡散　*62*
　　　　7.2.1　B2 型金属間化合物　*63*
　　　　7.2.2　L1$_2$ 型金属間化合物　*65*
　　　　7.2.3　L1$_0$ 型金属間化合物　*66*

8　金属間化合物の特異な強さ─温度上昇と共に強さも増加する現象─………**68**
　　8.1　Ni$_3$Al に代表される L1$_2$ 型金属間化合物　*68*
　　　　8.1.1　強さの温度依存性　*68*
　　　　8.1.2　強さの逆温度依存性をもたらすメカニズム　*69*
　　8.2　多量に生成する空孔による強化と軟化　*73*
　　8.3　規則-不規則変態が関与する異常強化機構　*76*

9　2 相組織の金属間化合物材料─Microstructure の重要性─ …………**78**
　　9.1　Ni 基スーパーアロイ　*78*
　　　　9.1.1　γ/γ′2 相組織　*78*

　　　　　　　　　　　　　目　　次　　　　　　　　vii

　　9.1.2　一方向凝固合金と単結晶合金　*80*
　　9.1.3　スーパーアロイの組成と世代　*83*
　　9.1.4　γ/γ' 相境界　*85*
　　9.1.5　スーパーアロイにとって γ' 相の異常強化特性は有効か？　*86*
　9.2　TiAl 基合金　*87*
　　9.2.1　γ/α_2 2相組織　*88*
　　　（1）　ラメラ組織―その形成過程と結晶学―　*88*
　　　（2）　等軸組織　*93*
　　　（3）　PST 結晶　*94*
　　9.2.2　γ/α_2 2相組織の変形と強さ　*96*
　　　（1）　PST 結晶　*96*
　　　　a．強さの異方性　*96*
　　　　b．変形の異方性　*99*
　　　（2）　多結晶 γ/α_2 2相組織　*103*
　　　　a．ラメラ組織　*103*
　　　　b．等軸粒組織　*104*
　　9.2.3　TiAl 基合金の一方向凝固　*105*
　　9.2.4　TiAl 基合金の耐酸化性　*109*

10　金属間化合物の環境脆性　……………………………………112
　10.1　粒界破壊　*112*
　10.2　環境脆性　*114*

11　高融点金属のシリサイド―超高温材料としての可能性―　………117
　11.1　$MoSi_2$ 単結晶の変形と異方性　*119*
　11.2　Mo_5SiB_2 単結晶の変形　*122*

12　金属間化合物の実用化　………………………………………124

付録1　変形応力の温度依存性　*129*
付録2　ダブルキンクの形成エネルギーと T_0 の導出　*132*
付録3　多結晶の弾性定数　*135*
付録4　弾性定数における Cauchy の関係と原子間結合の異方性　*135*
付録5　部分転位の平衡間隔　*136*
付録6　正方晶のミラー指数　*137*
付録7　界面におけるひずみの連続性　*137*
付録8　クラックの臨界サイズと破壊靱性　*137*

参考文献 …………………………………………………… **141**
あとがき …………………………………………………… **145**
索　　引 …………………………………………………… **147**

1章

"熱に強い" ということ

　空気中で金属の温度を上げていくと，だんだん柔らかくなって強度が落ちてくる．同時に，空気中の酸素によって金属表面が酸化し，表面が酸化物で覆われてくる．荷重がかかり，温度も上昇する機械部品に用いられる材料として，"柔らかくなって強度が落ちること"，"酸化物になって損耗すること"は大変困った現象で，必然的にこのような現象がおこりにくい金属が探索されることになる．事実，人類は長い年月をかけてこのような金属材料の研究と開発を続け，現在，広く航空機や発電用タービンの高温部分に用いられるスーパーアロイとよばれる材料に到達した．図1.1は航空機用ジェットエンジンの切断面である．エンジンの前面から入ってきた空気は大きなファン(A)によって後ろに押し流されエンジンの推力の大部分を生み出す．一部の空気はコンプレッサー(B)を経て燃焼器(C)に入り，燃料を爆発的に燃焼させる．このとき発生する

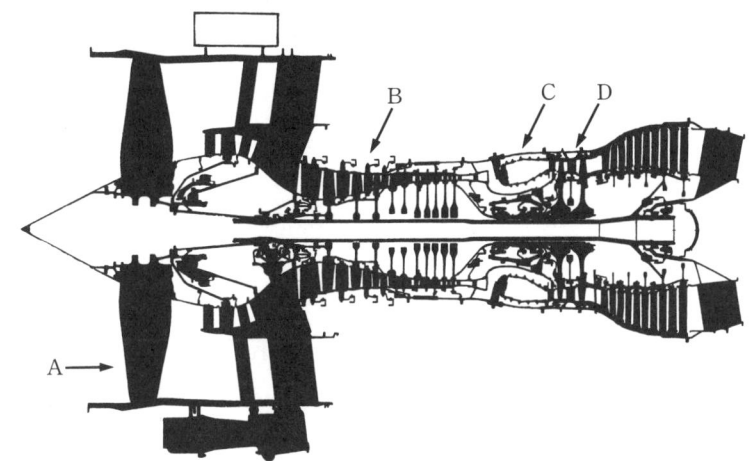

図1.1　航空機用ジェットエンジンの切断面.
　　　　A：ファン，B：コンプレッサー，C：燃焼器，D：タービン.

高温高圧ガスがタービン(D)に入りローターを高速回転させ，同時にこのローターと同軸でつながっているファン(A)やコンプレッサー(B)を回転させる．タービンには，燃焼器直後の高圧タービンからエンジン最後部の低圧タービンまでいくつかのステージがあり，高圧タービンの翼は白熱状態近く（900～1000℃）まで加熱され，かつ，タービンが高速回転するため遠心力による大きな荷重を受ける．このような厳しい環境に耐え得る材料は現在のところスーパーアロイだけで，現在の航空機エンジンをはじめとする高温のテクノロジーはこの材料に負うところ極めて大である．それではスーパーアロイはどうしてこのように高温に耐えることができるのだろうか？　この問題には，後で詳しく触れることとし，まずは，このような高温で用いられる材料，高温材料の満たすべき要件について述べ，高温材料としてどのような物質が注目されるのか考える．

1.1　耐酸化性がある

　金と自然銀や自然銅などを除けば，金属が単体として自然に存在することはなく，酸素や硫黄と結びついて酸化物や硫化物のような化合物として存在する．金属はこのような金属の酸化物あるいは硫化物からなる鉱石を精錬して取り出されているので，金属を空気中におけば，酸化のメカニズムや酸化が進行する速度は金属によって異なるものの，いずれ酸素と結合して酸化物に戻ってしまう．耐酸化性を酸化しないという意味にとれば，金のように簡単に酸化しない金属は耐酸化性がある金属である．しかし，構造材料として用いられる金属の中で，このような基本的な意味における耐酸化性を有するものはなく，表面が酸化しても酸化が内部まで進行しなければ，実用的な意味で耐酸化性があると考えている．むしろ表面は急速に酸化し，それ以上に酸化物層が成長しない金属が望ましいことになる．酸化物層の成長は，酸化物層を通して酸素が酸化物層の下にある金属まで運ばれるか，金属原子が酸化物層を通して表面に達し酸素と結合することによっておこる．したがって，酸化物層が緻密で金属表面をくまなく覆っていること（空気が直接金属に触れない），酸化物層内の原

子の移動（拡散）が遅いこと，が実用的な耐酸化性を確保するうえで重要である．安定な酸化物である Al_2O_3 を形成する Al が上述のような性質を持った典型的な金属である．Cr にも合金元素として用いられれば安定な酸化物 Cr_2O_3 を形成する能力がある．このような理由で，耐酸化性が必須の要件である高温材料には，Al や Cr のこのような酸化物を形成する能力が利用される．

1.2 高融点であり，強くかつ脆くない

発電機やエンジンなどさまざまな機械部品に用いられる金属材料には，荷重に耐える強さと突発的に大きな荷重がかかったとき一気にバラバラに破壊しないための延性（破壊しないで伸びること）と靭性（クラックが生じても一気に進展しないこと）が求められる．しかも，これらの性質が高温まで持続しなければならない．Al は柔らかく変形しやすい金属で強さが足りないうえに，融点が 660°C であるから，発電機やエンジンなどの高温部では容易に融解してしまう．したがって，Al のままでは Al の耐酸化性を高温で活用できない．そこで Al と高融点金属の合金を作り，その合金の耐酸化性を合金元素である Al に保証させる方法を考えざるを得ない．もちろん，その合金には高融点であることに加え，強度，延性，靭性に優れていることが求められる．幸い Fe，Co，Ni が Al とこのような合金を作る．Al を含む Fe，Co，Ni の合金が大気中で高温にさらされると，Al が優先的に酸化され，表面に Al_2O_3 が形成される．このことによって Al はこれら合金の耐酸化性を向上させる．言い換えれば，融点の高い合金の中に Al を閉じ込めることによって，Al の耐酸化性を高温で利用していることになる．

Fe，Co，Ni に Cr を固溶させても，Al を含むこれら金属の合金と同じく安定な酸化物である Cr_2O_3 が形成され耐酸化性が向上する．Cr の融点は 1860°C と高いが，周期律表の同族（VIa）元素である Mo，W や Va 族元素である V，Nb，Ta と同じく，大気中で高温にさらされると揮発しやすい酸化物がまず形成され激しく酸化消耗する．すなわち融点は高くても，空気中でそのまま高温材料として用いることはできない．

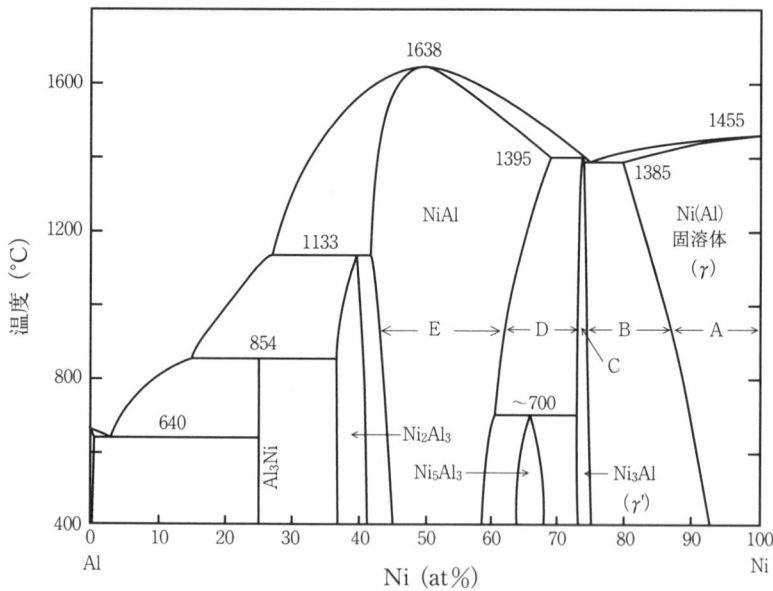

図 1.2 Ni-Al 系 2 元状態図（Binary Alloy Phase Diagrams, Vol. 1, T. B. Massalski 他編，ASM Metals Park, Ohio 1986 より）．

　合金の表面に Al_2O_3 を形成する能力は合金中の Al 量の増加と共に高くなるから，Al を含む合金の耐酸化性は Al 量の増加と共に向上する．しかし，耐酸化性の向上を追及して Al 量をむやみに増やすことはできない．状態図上の制約があって，あまり Al 量を多くすると延性や靱性に乏しい相が出現するからである．Ni と Al の合金の場合，Ni-Al 系 2 元状態図（図 1.2）からわかるように，たとえば，タービンエンジンの作動時に高圧タービンの翼にかかる温度（1000℃前後）では，Ni の固溶体は約 13 at％程度まで Al を固溶できる（A 領域）．Ni の格子は面心立方（fcc）であるから，Al は図 1.3(a) のように fcc 格子上の Ni をランダムに置換している．それ以上 Al が増えると，図 1.3(b) のように fcc 格子を基に，Ni と Al が規則正しく配列した構造を持った Ni_3Al 相が出現し，Al を約 13 at％含む Ni の固溶体と Ni_3Al 相の 2 相状態となる（B 領域）．さらに Al が増えると，Ni_3Al 単相状態（C 領域）を経て，

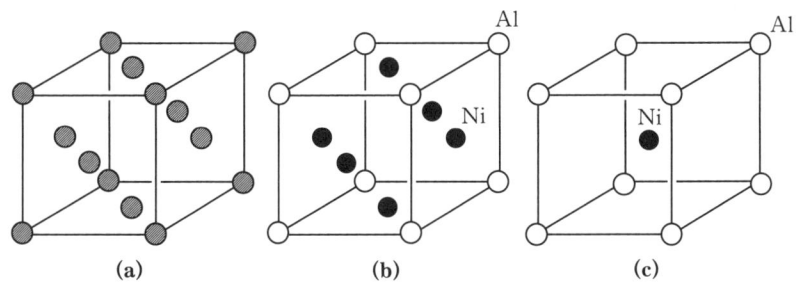

図1.3 （a）Ni(Al)固溶体，（b）Ni$_3$Al，（c）NiAl．Ni(Al)固溶体の各格子点にNi原子またはAl原子がくる確率はそれぞれの原子分率に等しい．

図1.3（c）のような体心立方（bcc）格子を基にした構造のNiAl相とNi$_3$Al相の2相状態（D領域）となる．さらにAlが増えると広いNiAl単相領域（E領域）に入る．Ni$_3$Al相やNiAl相のように2種以上の金属元素からなり，それらが規則正しく配列した構造を持った物質が金属間化合物である．

AlがNi原子をランダムに置換している固溶体では，Alの原子半径がNiと異なることによって生ずるひずみ等による固溶硬化が生じ，Al量の増加と共に降伏強度や硬度が上昇し，簡単に変形しなくなる．しかし，延性や靱性は低下する傾向を示す．さらに，固溶体とNi$_3$Al析出相の2相状態になれば，Ni$_3$Al相の変形が固溶体の変形より困難であるため，一段と強くなる．Ni$_3$Alに比してNiAlは非常に脆い化合物である．したがって，Ni$_3$Al相とNiAl相の2相状態になれば，NiAl相の体積率の増加と共に延性や靱性の低下が著しくなる．

このように，耐酸化性を追求してNi–Al系のAl量を増やせば，普通の合金とは異なるNi$_3$Al相やNiAl相が現れ，力学的な性質に新たな問題が生ずる．たまたま，Ni$_3$Al相は降伏応力が高いにもかかわらず延性と靱性に比較的恵まれ，後に述べる理由によって高温強度にも優れているため（8.1節参照），Ni基固溶体とNi$_3$Alの2相状態の材料は，Ni基スーパーアロイとして広く高温材料として用いられている（9.1節参照）．Ni基スーパーアロイにもいろいろな合金があり，図1.2のA領域にあるHastelloyやB領域にあるがNi$_3$Al相

の体積率が50%よりかなり小さいInconel系合金はNi基固溶体が主相であるため鍛造できる．しかし，強度に優れているが容易に変形できないNi_3Al相を体積率50%以上含む最近のNi基スーパーアロイは鍛造できず，鋳造で必要形状に作り込まねばならない．

　NiAl相は脆いけれど，融点がNi_3Al相のそれより250℃ほど高く，Al含有量が多いのでNi_3Al相より耐酸化性に優れしかも軽量である．さらに，熱伝導率もNi基スーパーアロイより高い．熱伝導率は高温材料の大切な性質で，もし熱伝導率が低いと熱拡散がおこりにくく，局所的過熱によって部分融解等の損傷が発生しやすい．したがって，もし脆さの問題さえ解決できれば，NiAl相はNi基スーパーアロイを越える高温材料になる可能性を秘めている．しかし，いまだNiAl相の脆さを克服できないので，現在NiAl相はNi基スーパーアロイの耐酸化性コーティング材として用いられている．

　このように，Ni-Al系だけを考えても，より優れた耐酸化性とより高い強度を追求すれば，必然的にNi_3Al相やNiAl相に向き合わざるを得なくなり，これら物質の性質を知らねばならなくなる．

2章

なぜ，特に"金属間"化合物とよばれるのか？

　質量保存則，定比例の法則，倍数比例の法則など，化学元素を計量する分野の重要な法則が確立した頃（18世紀），化合物といえばすべて2種類以上の元素がある一定の整数比で結合してできたものと考えるのが当たり前であった．共有結合やイオン結合による化合物は，このような化合物であり，定比例の法則は厳密に成立する．一方，このような定比例の法則を単純には適用できない化合物の研究も18世紀末から19世紀初頭に始まり，定比でなく組成幅があり，化学結合の原子価の法則にも従わない化合物の存在が認められ始めた．たとえば，1839年ドイツの化学者Karl Karstenは，銅-亜鉛合金の酸に対する反応を組成を変えながら研究し，銅-50 at％亜鉛のところで反応特性に不連続が現れることから，銅-亜鉛化合物の存在を示唆している．この化合物は，まさに銅-亜鉛状態図の中央に存在するβ相（CuZn相，β黄銅）である．この相には，広い組成幅があり，原子価の法則にも従わない，当時の化合物に対する常識的見解からすれば不思議な化合物であったに違いない．このような化合物がさまざまな金属元素の組み合わせに対して次々に発見されるに至り，"金属元素間に形成される変な化合物"という意味合いで，特に"金属間化合物"とよばれるに至った．

　金属間化合物の結合様式は複雑で，化合物により変化するが，共有結合性，イオン結合性を有しつつも金属とその合金と同じく金属結合性が強く，多くの金属間化合物は金属と同様の熱伝導性，電気伝導性を示す．多量の伝導電子の存在によって，個々の原子が持つ電荷が遮蔽された状態で結合していることが，原子価の法則に従わず，往々にして広い組成幅を有する化合物が形成される主たる理由である．金属化合物という語も存在するが，これは金属の酸化物，水酸化物，窒化物，塩化物等々，おおむね化学量論の法則に従う化合物を指して用いられる．

3章

金属間化合物相の現れ方―状態図上の特徴―

3.1 金属間化合物と規則合金

　金属間化合物に含まれるが，特に規則合金とよばれる物質がある．それらは原子の規則的配列が融点まで安定に存在できない金属間化合物である．原子の規則的配列は融点以下の温度でくずれ，基本となる格子は変わらないものの，その格子点を構成原子がランダムに占めるようになる．たとえば，図1.3(b)の構造が融点以下で図1.3(a)の構造に転移（規則–不規則変態）するような場合を考えればよい．一般に，規則状態の結晶構造や結晶塑性のような物性を考えるとき，金属間化合物の中で特に規則合金だけを区別する必要はない．金属間化合物を構成する原子間の結合を考えれば，異種原子が規則正しく配列しているのであるから，異種原子同士は引き合い，同種原子同士は反発する傾向があるはずである．したがって，A，B原子で構成されている金属間化合物を考え，A-A，B-B，A-B原子対の相互作用エネルギーをそれぞれ V_{AA}，V_{BB}，V_{AB} とすれば，

$$(V_{AA}+V_{BB})/2-V_{AB}>0 \tag{3.1}$$

のはずである（より安定な結合に対する相互作用エネルギーはより大きな負の値になる）．原子の規則配列が融点以下でくずれる規則合金では(3.1)式の左辺の値が比較的小さい．規則配列が融点まで安定な，たとえば図1.2の Ni_3Al や NiAl 等の金属間化合物では左辺の値が比較的大きいという傾向があり，この差が結晶塑性等の物性に大きな影響を与える．同じ結晶構造なら，規則合金を含め(3.1)式の左辺の値が異なる一群の金属間化合物として取り扱うのが妥当である．ただし，図3.1(a)のような状態図を持った規則合金では，高温の不規則相から規則相が核形成し成長するとき，逆位相境界とよばれる面欠陥に囲まれたドメインが形成される．このようなドメインの存在は規則合金の特徴

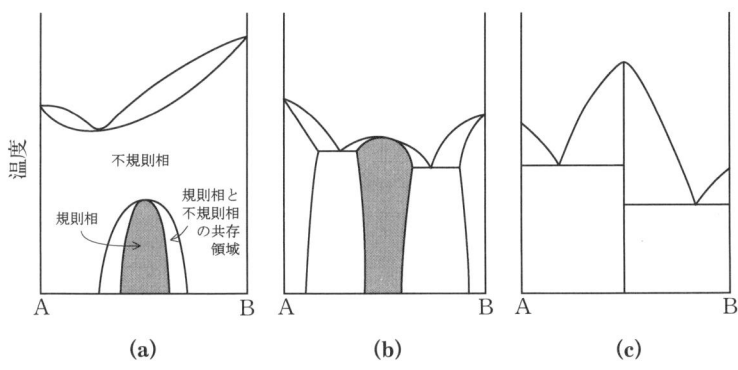

図3.1 2元状態図に現れる金属間化合物．
(a)Kurnakov型，(b)Berthollide型，(c)Daltonide型．

であり，融点まで安定な構造を持つ金属間化合物には存在しない．逆位相境界，逆位相ドメインについては，6.4節で説明する．

3.2 状態図上の特徴

図1.2のように，金属間化合物は状態図の構成元素の固溶体域（図1.2のA領域）を越えた状態図の中間に出現し（したがって状態図上，中間相とよばれることもある），組成幅の有無，融点まで安定か否かによって，図3.1のように分類できる．図3.1(a)と3.1(b)は化合物相に組成幅がある場合である．図3.1(a)のような状態図は，fcc格子，hcp格子を基本とする構造の規則合金（たとえばCu-Au系のCu_3Au相，CuAu相）に特徴的である．bcc格子を基本とする構造の規則合金では，規則相と不規則相が共存する領域がない場合もある（たとえばFe-Co系のFeCo相）．規則/不規則相の共存域の有無はともかく，図3.1(a)のように規則相の安定域が融点以下で閉じるような現れ方をする金属間化合物（規則合金）を，この分野の先駆的研究者であるKurnakovにちなんでKurnakov compoundとよぶこともある．

原子の規則配列が融点まで安定になれば，金属間化合物相と液相が平衡する

に至り，たとえば図3.1(b)のような現れ方をする．図の金属間化合物相の存在領域の頂上に対応する組成では，固相（液相）がその組成のまま頂上に対応する温度で液相（固相）に融解（凝固）する．このような組成の合金あるいは金属間化合物を congruently melting materials とよび，図1.2の NiAl 相はその典型である．金属間化合物相にはこのような状態図を形成するものも多いが，共晶反応あるいは図1.2の Ni_3Al 相，Ni_2Al_3 相のように包晶反応によって液相と平衡するものも多い．

図3.1(c)は組成幅のない金属間化合物の例で，line compound ともよばれる．図では congruently melting compound として描かれているが，図1.2の Al_3Ni のように包晶反応によって液相と平衡するもの，固相反応によって他の固相に変態するものなどさまざまである．金属間化合物の中ではこのタイプのものが多い．しかし，その物性に関する研究は他のタイプの金属間化合物に比べ圧倒的に少ない．Kurnakov は図3.1(b)，図3.1(c)のタイプの金属間化合物を，それぞれ Berthollide，Daltonide と名づけている．

なお，図3.1(c)のように組成幅が非常に小さい場合でも，厳密に調べれば一定の組成幅が存在する．たとえば，半導体化合物である GaAs も状態図的には line compound であるが，実際には，$Ga_{50.002}As_{49.998}$〜$Ga_{49.991}As_{50.009}$ の組成幅が存在し，このわずかな組成のずれが電気的性質の大きな差となって現れることが知られている．

4章

金属間化合物の結晶構造と結晶構造検索の方法

　金属間化合物の結晶構造は，単位胞の小さな簡単なものから単位胞の大きい非常に複雑な構造のものまでさまざまである．本書で対象とする金属間化合物は比較的簡単な結晶構造を持ったものが多いが，それでも，それぞれの構造あるいは構造群に独特の名称があり，ときに簡単な空間群の知識が必要な場合もある．そこで，本章では，結晶構造に関する最低限の基礎知識と金属間化合物の結晶構造を調べるための方法について簡単に述べる．このような説明を必要としない読者，あるいは結晶構造の詳細にはあまり興味のない読者は直ちに4.4節まで進んでいただいていっこうにさしつかえない．

4.1　単位格子，結晶系，ブラベー格子

　格子点が規則的に配列してできる格子を空間格子という．この格子の格子点に，原子1個あるいは複数の原子からなる1組の原子集団を配置すれば結晶ができあがる．結晶構造を記述することは，空間格子の構造と各格子点の原子集団の構造を記述することである．空間格子の基本単位を単位格子または単位胞とよび，格子点を1つだけ含む単位格子を基本単位格子，格子点を2つ以上含むものを非基本単位格子あるいは単に単位格子とよんで区別する．単位格子は，その空間格子の並進ベクトル a, b, c とその軸間のなす角度により特徴づけられ（図4.1），これに対する対称操作を考えることにより，以下の7つの結晶系が導かれる（単位格子の並進ベクトルの長さ a, b, c と軸間の角度 α, β, γ を単位格子の格子定数という）．

1. 三斜晶（triclinic（anorthic））　$a \neq b \neq c$　$\alpha \neq \beta \neq \gamma$
2. 単斜晶（monoclinic）　$a \neq b \neq c$　$\alpha = \gamma = 90° \neq \beta$
3. 斜方晶（orthorhombic）　$a \neq b \neq c$　$\alpha = \beta = \gamma = 90°$

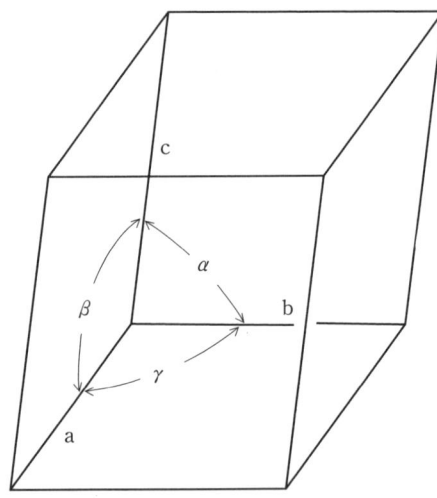

図 4.1 単位胞の格子定数.

4. 正方晶 (tetragonal)　$a=b\neq c$　$\alpha=\beta=\gamma=90°$
5. 立方晶 (cubic)　$a=b=c$　$\alpha=\beta=\gamma=90°$
6. 六方晶 (hexagonal)　$a=b\neq c$　$\alpha=\beta=90°$　$\gamma=120°$
7. 三方晶（菱面体晶）(rhombohedral)　$a=b=c$　$\alpha=\beta=\gamma\neq90°$

ここで考えた格子はいずれも基本単位格子であるが，さらに以下のような新たな格子点

1. 体心 ($\boldsymbol{a}/2+\boldsymbol{b}/2+\boldsymbol{c}/2$)
2. 面心 ($\boldsymbol{a}/2+\boldsymbol{b}/2$), ($\boldsymbol{b}/2+\boldsymbol{c}/2$), ($\boldsymbol{c}/2+\boldsymbol{a}/2$)
3. C-底心 ($\boldsymbol{a}/2+\boldsymbol{b}/2$)
4. 菱面体 ($2\boldsymbol{a}/3+\boldsymbol{b}/3+\boldsymbol{c}/3$)($\boldsymbol{a}/3+2\boldsymbol{b}/3+2\boldsymbol{c}/3$)

を追加し，対称性を調べることにより，さらに新たな7つの格子を考えることができる．このような14の格子をブラベー格子（Bravais lattice）とよぶ．実在の結晶の空間格子は必ずこのいずれかに属する．

4.2 Pearson symbol

金属間化合物の結晶構造に関するデータ集の中では，Villars and Calvert による Pearson's Handbook of Crystallographic Data for Intermetallic Phases Vol. 1-3（ASM Metals Park, Ohio 1985）が最も完備したものの1つであるため，このデータ集によって金属間化合物の結晶構造を調べることが多い．まず Pearson's Handbook の見方とそれに基づく結晶構造の分類法について説明する．Pearson's Handbook では，Pearson symbol を用いて結晶構造をまず14 のブラベー格子に基づいて分類し，さらに単位胞に含まれる原子数によってそれを細分している．Pearson symbol では，ブラベー格子のタイプを表す

 P : primitive（基本）
 C : one-face-centered（底心または一面心）
 F : all-face-centered（面心）
 I : body-centered（体心）
 R : rhombohedral（菱面体）

と結晶系を表す記号

 a : triclinic（anorthic）（三斜）
 m : monoclinic（単斜）
 o : orthorhombic（斜方）
 t : tetragonal（正方）
 h : hexagonal（六方）
 c : cubic（立方）

を組み合わせ，表4.1 のように14 のブラベー格子を表現する．たとえば，fcc，bcc および hcp 構造はそれぞれ cF4，cI2 および hP2 のように表現される．すなわち，fcc，bcc および hcp 構造に対応するブラベー格子はそれぞれ cF（面心立方），cI（体心立方）および hP（基本六方）であり，ユニットセルにそれぞれ 4，2 および 2 個の原子が含まれていることを表している．4.1 節

表 4.1 Pearson symbol によるブラベー格子の表現.

Pearson symbol	結晶系	ブラベー格子
aP	三斜	三斜(基本)
mP	単斜	単斜(基本)
mC	単斜	単斜(底心)
oP	斜方	斜方(基本)
oC	斜方	斜方(底心)
oF	斜方	斜方(面心)
oI	斜方	斜方(体心)
tP	正方	正方(基本)
tI	正方	正方(体心)
hP	六方	六方(基本)
hR	菱面体	菱面体(基本)
cP	立方	立方(基本)
cF	立方	立方(面心)
cI	立方	立方(体心)

で述べた7つの結晶系のうち菱面体晶は，Pearson symbol では六方晶(h)として取り扱われる．この場合，ブラベー格子のタイプは必ず菱面体(R)であり，ブラベー格子を表す記号 hR に単位胞内の原子数を続けて書くことになっている．

ただし，Pearson symbol は結晶構造のあるグループをまとめて表現しているのであって，必ずしもある特定の結晶構造を表しているのではないことに注意しなければならない．たとえば，cF4 および cI2 に含まれる結晶構造はそれぞれ fcc および bcc のみであるが，hP2 に4種の異なった結晶構造が含まれている．このように，Pearson symbol は特定の結晶構造を表現する上での不便を抱えているが，極めて明解に結晶系とブラベー格子，さらにユニットセルのサイズを表現することができるため，結晶構造の分類法の1つとして広く用いられている．ここで Pearson's Handbook にある記述の一例を挙げ，その見方を簡単に説明しておこう．

表 4.2 は tP4 に分類される構造の1つである L1$_0$ 構造（L1$_0$ の意味については次節で説明，具体的な結晶構造は図 4.2(b)，この結晶構造の具体的な説明

4.2 Pearson symbol

は4.4節) に関する記述の一部である．まず"structure prototype"として，ここに記述される構造に結晶する典型的な化合物が挙げられている．この特定の結晶構造を表現するため，"structure prototype"を"CuAu"型構造のように用いることも多い．次にこの構造が属する空間群の国際記号が挙げられている．$P4/mmm$ は，この構造が $P4/mmm$ 群の持つ結晶の対称性を保有していることを示している．次にこの空間群の番号(123)が記されていて，もしこの空間群の対称性について詳しく知りたいときには，International Tables for X-ray Crystallography の Vol.1（International Tables と略称される）の No.123 を見ればよいことを示している．International Tables には，$P4/mmm$ 群に対する完全な記述法として $P\,4/m\,2/m\,2/m$ のように書かれている．この意味はブラベー格子のタイプが primitive であること，1本の4回回転軸と2本の2回回転軸があり，それぞれ垂直な鏡映面があることを示してい

表 4.2 Pearson's Handbook の記載例．

tp 4			
STRUCTURE TYPE	SPACE GROUP		SPACE GROUP NUMBER
AuCu	P4/mmm		123
REFERENCE			
C. H. Johansson *et al.*			
1936 25 P1	ANNALEN DER PHYSIK LEIPZIG		
	Remarks: Also called $CuTi_3$, $SrPb_3$ type; see also oI40 AuCu		
a=0.3966	b=	c=0.3673	[nm]
ALPHA=	BETA=	GAMMA=	[DEGREE]
ORIGIN AT 4/mmm			
ATOMIC POSITIONS:			

ATOMS	WYCKOFF NOTATION	SYMMETRY	x	y	z	OCCUPANCY
Au_1	1(a)	4/mmm	0.0	0.0	0.0	1.00
Au_2	1(c)	4/mmm	0.5	0.5	0.0	1.00
Cu	2(e)	mmm	0.0	0.5	0.5	1.00

Ag_5AlMn	$AgHg_2Ti$	$AgTi_3$
AgTi	$AgZr_3$	Al_3Cr

Pearson's Handbook of crystallographic Data for Intermetallic Phases Vol.1, p. 416 より

る（[001]軸が4回軸，[100]軸と[010]軸が2回軸になっていて，それぞれに垂直な鏡映面がある）．次にこの記述に関わる参考文献，格子定数（正方晶であるから $a=b \neq c$，したがって b が省略されている）が与えられている．alpha, beta および gamma は3軸の角度であるが，すべて90°であるので同じく省略されている．ついでユニットセルの原点が $4/mmm$ の対称性を持つ位置に取られていること，そして構成原子である Au と Cu の位置が示されている．すなわち，Au原子が原点と面心の位置 (0.5, 0.5, 0.0) に，Cu原子が面心の位置 (0.0, 0.5, 0.5) にあり，それぞれの位置の対称性からすべての等価な位置がわかる仕組みになっている．表の後半には，この結晶構造に結晶する金属間化合物の例が挙げられている．

International Tables にはそれぞれの空間群において許される原子位置が示されていて，それぞれに Wyckoff notation とよばれる記号とともにその等価な位置の数，その位置の位置対称が付されている．$P4/mmm$ の空間群で許される対称操作（symmetry operations に記された16種類）を任意位置 (xyz) に施すと，16個の等価な位置が生じる．これらの位置は一般等価位置（general equivalent positions）とよばれ，空間群のすべての対称操作で互いに移し替えることができる．一般等価位置はその位置対称が最も低い1であり，必ず第1行目に記載され，$P4/mmm$ 群の場合，16(u)位置と記される．2行目以降の原子位置は，等価点が対称操作のある位置と一致するものであり特別点（special points）とよばれる．たとえば，$P4/mmm$ 群の場合，ユニットセル内にはそれぞれ鏡映面を持つ4回軸と2本の2回軸の交点（$4/mmm$ の位置対称を持つ）は (0, 0, 0) (0, 0, 1/2) (1/2, 1/2, 0) (1/2, 1/2, 1/2) の4個所あり，それぞれ(1 a) (1 b) (1 c) (1 d)位置と記される．また，それぞれ鏡映面を持つ3本の2回軸の交点（mmm の位置対称を持つ）は (0, 1/2, 1/2) (1/2, 0, 1/2) と (0, 1/2, 0) (1/2, 0, 0) の4個所あり，それぞれ(2 e) (2 f)と記される．このように特別点は位置対称の高い順に下段からアルファベットを abc 順に付けて並べられており，その順に等価な原子位置数も増加する．特別点の等価な原子位置の数は，必ず一般等価位置の位置の数を整数で除した数になっている．$P4/mmm$ 群の場合，16通りの位置があるが，表2.1の

Wyckoff notation の項はそのうち 1(a)1(c)2(e) の位置に原子があることを示している．International Tables の右側の列には，X 線回折においてこの空間群に属する結晶の特定の指数の格子面から回折がおこる条件が記されている．未知の結晶の構造解析に重要な消滅則である．このように，Pearson's Handbook of Crystallographic Data for Intermetallic Phases Vol. 1-3 と International Tables for X-ray Crystallography を併用すれば，あらゆる金属間化合物の結晶構造，原子座標，対称性，消滅則を知ることができる．

4.3 Strukturbericht symbol

前節で Pearson symbol は特定の結晶構造を表現する上での不便を抱えていると述べたが，この不便を解消するために用いられるのが "structure prototype" や "Strukturbericht symbol" である．"structure prototype" や "Strukturbericht symbol" の場合には，1 つ 1 つの結晶構造に特定の記号が対応していて，たとえば，すでに述べた CuAu 型構造には $L1_0$ という記号が付けられている．

なお，ASM から刊行されている状態図集，Binary Alloy Phase Diagrams-Second Edition（ASM Metals Park, Ohio 1990）の Vol.3 の巻末に 219 種の Strukturbericht symbol が structure prototype, Pearson symbol および空間群と共に収録されているので参照するとよい．

Strukturbericht では，本来，1 種類の原子で構成される物質，たとえば Cu (fcc) W (bcc) Mg (hcp) の構造に A1 A2 A3 のように A で始まる記号を，化学量論組成を 2 種類の原子で表せる化合物，たとえば NaCl, CsCl, ZnS の構造には，それぞれ B1, B2, B3, さらに 3 原子化合物である CaF_2, FeS_2, Ag_2O …には C1, C2, C3 …のような記号を付してそれぞれの構造を報告し (bericht=report) 記録していったと考えられる．しかし A15 構造（超伝導化合物としてよく知られる Nb_3Sn や Va_3Ga がこの構造に結晶する, structure prototype は Cr_3Si）のような化合物の構造にも A で始まる記号が付いている．これは，W の構造を高温で測定していたとき W の表面に生成した多分酸

化物の構造を W の高温相の構造と誤って登録したためであるといわれている．このような混乱があるうえに，記録される構造の数が増加するにつれて記号に関わる規則性が徐々に乱れ，現在では，もはや Strukturbericht symbol に体系的な意味を見いだすことは困難になっている．しかし，特定の構造を端的に表現すると共に，特定の構造を持つ金属間化合物を，たとえば $L1_2$ 型化合物あるいは B2 型化合物のように，まとめて表現するとき大変便利であるため現在も広く用いられている．

金属間化合物を取り扱う研究者には，構造を特定することができると共に，構造の特徴と対称性に関する情報が同時に得られるという意味で，Strukturbericht symbol と Pearson symbol，さらに空間群の国際記号が併記されているとさらに便利である．本書では，結晶構造の対称性について詳しく述べないので，結晶構造を Strukturbericht symbol を用いて表すが，次節の代表的な金属間化合物の構造を示す図には参考のため structure prototype, Strukturbericht symbol, Pearson symbol ならびに空間群の国際記号を，たとえば CuAu $L1_0$ tP4 $P4/mmm$ のように併記した．

4.4　金属間規則格子化合物—変形能を期待できる金属間化合物—

結晶構造を本格的に取り扱うことのあまりの複雑さに，うんざりされた読者も多いことと思うが，本書で実際に取り扱う金属間化合物は簡単な構造を持ったものが大半である．本書の主たるテーマは，構造材料，特に新しい高温材料としての金属間化合物に関する基礎の解説である．したがって，金属間化合物の強度，延性，靱性等々の力学的性質が重要になる．5章で説明する理由によって金属間化合物の多くは大変脆く，引張試験を行っても降伏応力に達せず破壊してしまう場合が多い．構造材料として用いるためには，少なくとも再現性よく降伏応力を測定できる程度の引張変形能（破壊せず塑性的に変形できること）が求められる．したがって，ある程度変形能が期待できる結晶構造の金属間化合物がこの分野の研究対象となる．

金属間化合物を構成する原子の区別を無視したとき，どのような構造に帰結

4.4 金属間規則格子化合物

するのか？　この基礎となっている構造を考えることによって，結晶塑性のような結晶構造の大枠によって支配される性質を類推することが可能である．もし，基礎となる構造が fcc，bcc あるいは hcp といった通常の金属あるいは合金によく現れる簡単な構造であれば，言い換えれば，これらの構造を基礎とする規則格子構造を持った金属間規則格子化合物（intermetallic superlattice compound）であれば，その基礎となる構造の結晶塑性がある程度その金属間化合物の結晶塑性に反映されると期待できる．図3.1の区別に当てはめれば，図3.1(a)の Kurnakov compounds のほぼすべてと図3.1(b)のような Berthollides の一部がこのタイプの化合物であると考えてほぼ間違いない．これ以外の金属間化合物は，たとえ構成異種原子間の区別を無視したとしても，もはや fcc，bcc あるいは hcp といった簡単な構造には帰結しない複雑な構造を持っているものが多く，ほとんど例外なく大変脆い．このような理由から，強度，延性，靱性が問題になる構造材料として研究されている金属間化合物の大半は，金属間規則格子化合物であって，その結晶構造は，図4.2の5種にほぼ集約できる．ここでは，これらの構造についてごく簡単に説明し[1]，以後必要があればその都度結晶構造を示し説明することにする．

　図4.2(a)，4.2(b)は fcc 格子を基礎とする構造で，それぞれ $L1_2$ 構造（化学量論組成 A_3B）と $L1_0$ 構造（化学量論組成 AB）である．$L1_2$ 構造では，fcc 格子の面心を A 原子が，体隅の位置を B 原子が占めている．多数の $L1_2$ 型金属間化合物が知られているが，中でも Ni 基スーパーアロイの強化相である Ni_3Al（図1.3(b)）が重要である．$L1_0$ 構造では，[001]方向に A 原子のみからなる原子面と B 原子のみからなる原子面が交互に積み重なっているため，[100]，[010]方向の格子定数と[001]方向のそれが異なっている．構造はしたがって正方晶である．現在新しい軽量耐熱材料として注目され，実用化が始まった TiAl 基合金の主たる構成相である TiAl 相がこの構造を持つ典型的な金属間化合物である．

　図4.2(c)，4.2(d)は bcc 格子を基礎とする構造で，それぞれ B2 構造（化学量論組成 AB），$D0_3$ 構造（化学量論組成 A_3B）である．B2 構造では，体心の位置に常に B 原子が入り，体心と体隅をつなぐ最近接原子対が常に A-

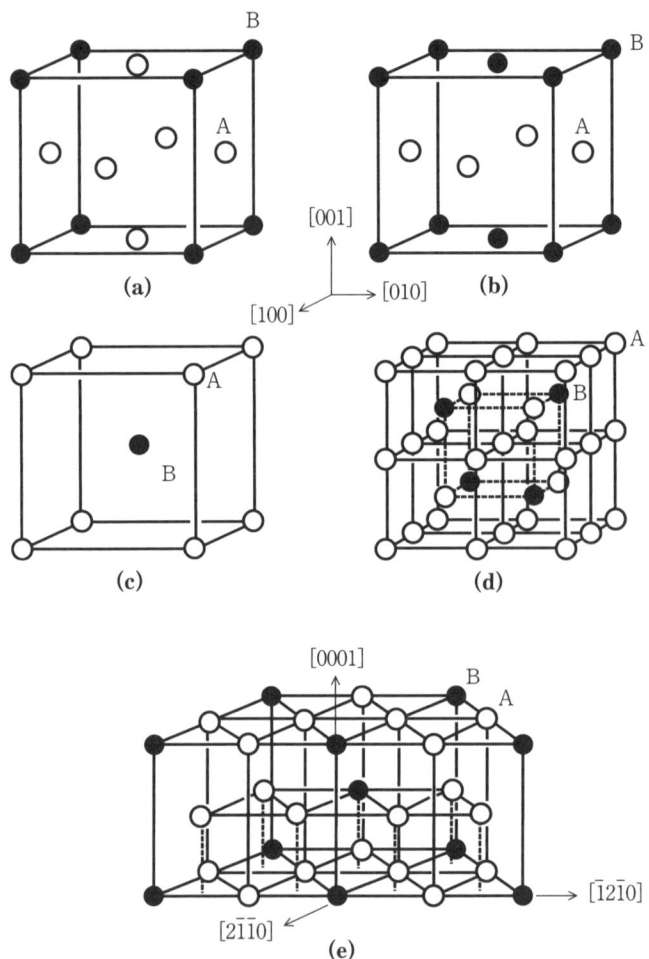

図 4.2 構造材料として研究されている金属間化合物の構造.
(a) L1$_2$ 構造（化学量論組成 A$_3$B, Cu$_3$Au, cP4, $Pm\bar{3}m$）
(b) L1$_0$ 構造（化学量論組成 AB, CuAu, tP4, $P4/mmm$）
(c) B2 構造（化学量論組成 AB, CsCl, cP2, $Pm\bar{3}m$）
(d) D0$_3$ 構造（化学量論組成 A$_3$B, BiF$_3$, cF16, $Fm\bar{3}m$）
(e) D0$_{19}$ 構造（化学量論組成 A$_3$B, Ni$_3$Sn, hP8, $P6_3/mmc$）

BとなるようにAB原子が規則配列している．NiAl（図1.3(c)），FeAlがこの構造を持つ代表的な金属間化合物である．DO_3構造では，B2構造の単位胞を[100]，[010]，[001]の3方向に2個ずつならべ，かつ体心と体心の第2近接関係をもA-Bとなるよう配列した，より高度な規則性を持った構造である．Fe_3Alがこの構造を持つ代表的な金属間化合物である．

図4.2(e)はhcp構造を基礎とする構造で，DO_{19}構造（化学量論組成A_3B）である．hcp構造の(0001)面に対応する面上で化学量論組成A_3Bを保つようにB原子が三角形状に配列している．B原子の12個の最近接原子はすべてA原子である．単位胞は六方晶でhcp構造と同じ空間群を持つ．ただし，c軸方向の格子定数はhcp構造と変わらないが，a軸方向の格子定数はhcpのそれの2倍で，単位胞体積は4倍になっている．TiAl基合金に含まれる第2相，Ti_3Al相がこの構造を持つ実用上重要な金属間化合物である．

5章

どうして金属間化合物には脆いものが多いのか？

この問題の解答に迫るいくつかのアプローチが試みられているが，最も明快で説得力のある考え方が，転位論と破壊力学に基づいて提案されている．本章では，このような考え方のいくつかを取り上げ説明する．

5.1 パイエルス応力

図5.1(a)の結晶の上半分を下半分に対しあるせん断面に沿ってxだけずらせたとする（図5.1(b)）．せん断面の上下の原子面の間隔をdとすれば，このせん断によってせん断面の上下に生ずるせん断ひずみはx/d，結晶の剛性率をμとし，xが小さくフックの法則が成り立つと考えれば，結晶には$\mu(x/d)$だけの弾性応力が働いていることになる．ところで，結晶の原子配列は図5.1(a)のような状態が安定であるから，図5.1(b)のような状態は不安定で，$x=0$に戻ろうとする力が働くはずである（このような力を結晶を元の状態に戻そうとする力という意味でrestoring forceという）．弾性応力$\mu(x/d)$のも

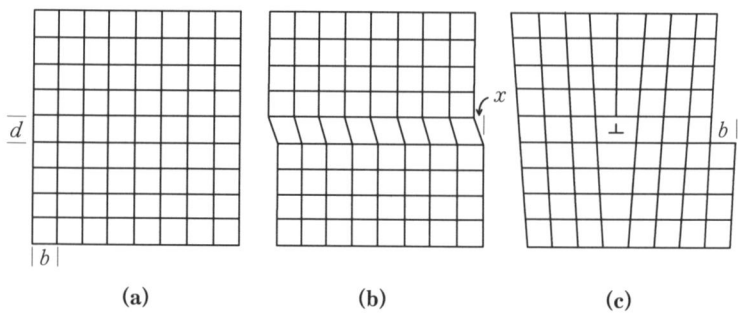

図5.1 （a）せん断前の結晶，（b）転位が関与しないせん断変形，（c）転位によるせん断変形．

5.1 パイエルス応力

とで上下の結晶のずれがどんどん大きくならないのは，弾性応力とこの restoring force が釣り合っているからである．ずれの方向の原子のならびの最短原子間距離を b とすれば，restoring force は $x=0$（安定平衡），$x=b/2$（不安定平衡），$x=b$（安定平衡）でゼロになる周期関数で表される．簡単のため $A\sin(2\pi x/b)$ で近似することにすれば，x が小さいので，

$$\mu(x/d) = A\sin(2\pi x/b) \approx A(2\pi x/b) \tag{5.1}$$

ゆえに

$$A = (\mu/2\pi)(b/d) \tag{5.2}$$

restoring force の最大値は A で，この最大値が図 5.1（b）のようなせん断に対する結晶の強度を与える．$b \approx d$ であれば，結晶の強度は $\mu/2\pi$ 程度になるはずである．しかし，実際のせん断変形は図 5.1（b）のような方法ではなく，図 5.1（c）のように転位（⊥で示す部分，b を転位のバーガースベクトルという）がせん断面に沿って右から左に運動することによっておこる．この場合，大きなひずみは転位の周辺にのみ存在することになるため，せん断に要する応力は図 5.1（b）の場合よりずっと小さくなる．したがって実際の結晶の強度はずっと小さくなる．Peierls は，図 5.1（c）のような簡単な結晶モデルを用いて，熱振動の助けを借りずに絶対零度で転位を動かすために要する応力 (Peierls 応力，τ_p)，すなわち結晶のせん断強さを計算し，次のようなよく知られた式を導き出した．

$$\tau_p = \{2\mu/(1-\nu)\}\exp[-\{2\pi/(1-\nu)\}(d/b)] \tag{5.3}$$

ここで ν はポアッソン比である．

もちろん，(5.2)式はいうまでもなく，(5.3)式でも現実のさまざまな結晶の強度を十分表現しているとは言い難い．しかし，(5.2)，(5.3)式共に，結晶の強度が結晶構造と密接に関係する d/b 比の関数であることを示している点が重要である．特に(5.3)式は，d/b 比が大きな面があれば，その面を転位がすべり運動することによって結晶は容易にせん断変形することを教えている．図 4.2 に示した金属間規則格子化合物の構造では，原子の種類を考えなければ，fcc, hcp あるいは bcc 構造に帰結する．すなわち原子の詰まり方そのものが fcc, hcp あるいは bcc 結晶と同じであるから，d/b 比の大きな面が存在し，

5章 どうして金属間化合物には脆いものが多いのか？

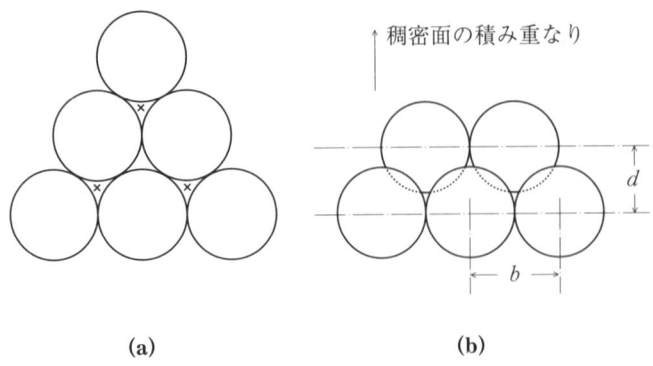

図5.2 fcc構造の(a){111}稠密原子面と(b)その積み重なり．

比較的小さな応力で変形する可能性がある．fcc構造の最大 d/b 比を示す面とすべり方向は，{111}と⟨110⟩である．fcc結晶のすべりが{111}面で⟨110⟩方向におこるのはこのような理由による．{111}原子面を構成する原子は，剛体球をきっちり詰めた図5.2(a)のような配列をしていて，次の{111}原子面の原子はこの原子面のくぼみ（たとえば×印）に積み重なる．したがって，2枚の{111}原子面の積み重なりは図5.2(b)のように見える．ゆえに(5.2)，(5.3)式の d と b は図に示すようになり，原子と見なしている剛体球の半径を r とすれば，$b=2r$，$d=4r/\sqrt{6}$，$d/b=\sqrt{6}/3$ である．hcp構造の(0001)面はfcc構造の{111}面に相当し，(0001)面のすべりを考えるかぎりhcp構造でも $d/b=\sqrt{6}/3$ になる．さらに，6.2節で述べる積層欠陥の存在を考慮して，fcc構造の{111}面すべりとhcp構造の(0001)面すべりを考えれば，b はさらに小さくなり，d/b の値は $\sqrt{2}$ にまで大きくなる．bcc構造はfccやhcp構造のように完全に稠密な構造ではないが，稠密構造に近く，{110}面に沿う⟨111⟩方向のすべりを考えれば，やはり $b=2r$，$d=4r/\sqrt{6}$，$d/b=\sqrt{6}/3$ である．金属間化合物の場合，構成原子の原子半径が異なるが，基本構造がfcc，bcc，hcpであれば，このように大きな d/b 比のすべり系があり，実際に活動する可能性がある．したがって，4.4節にあげた金属間規則格子化合物には，比較的低い変形応力と一定の塑性の発現を期待し得る．

しかし，金属間規則格子化合物以外の多くの金属間化合物は，金属間規則格子化合物の構造に比較するとはるかに複雑な構造を持っていて，fcc，hcp，bcc 構造のそれのような大きな d/b 比のすべり系が存在しない場合が多い．したがって，転位の運動に大きな応力を要し変形が困難になる．それでは，構造が複雑になれば，なぜ d/b 比が小さくなるといえるのだろうか？　一般的な説明は簡単ではないが，次のような説明がわかりやすいと思う．剛体球の稠密充填に等しい典型的な稠密構造である fcc 構造には，図 5.3(a)，(b)に示す四面体空隙と八面体空隙の 2 種類の原子間空隙が存在する．図の四面体と八面体の頂点には原子の中心が位置し，それぞれの原子は各稜の中心で接し合っている．したがって，fcc 構造はこのような 2 種の多面体を稠密充填した構造であるともいえる．注目すべきは，空隙の大きさは四面体位置より八面体位置の方が大きいので，原子密度は四面体位置周辺で大きく，八面体位置周辺で小さくなっていることである．このように原子密度に分布があることは，原子がきっちり詰まっているが面間隔の大きな原子面があること，すなわち d/b 比の大きなすべり系が存在することの裏返しである．fcc 構造の配位数は 12 で，1 個の原子にはその周囲に 12 個の原子があって互いに接している．稠密充填を条件にしなければ，構造は複雑になるが配位数は 12 以下でも 12 以上でもあり得る．このような構造における原子密度の分布は，配位数 12 の剛体球稠密充填構造のそれより一般に均一であることがわかっている[2]．原子密度が均一であ

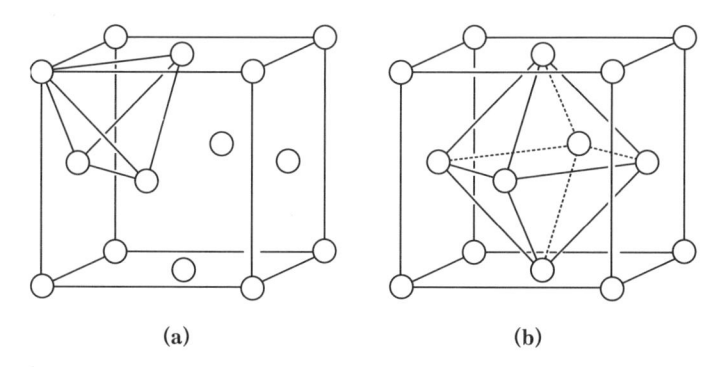

図 5.3　fcc 構造の原子間空隙．（a）四面体空隙，（b）八面体空隙．

ることは，このような複雑な構造には特に密に詰まった面や方向が存在せず，d/b 比の大きなすべり系が存在しないことを示唆している．このことを，図 5.2(b) に対比して極端にモデル化して描けば，図 5.4 のようになる．

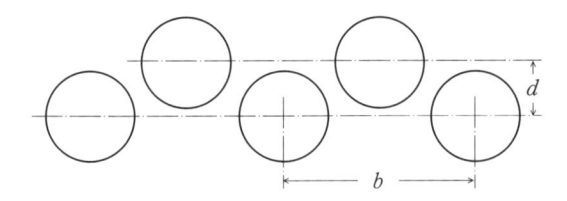

図 5.4 稠密充填構造ではなく d/b 比が小さくなる結晶のモデル．

幾何学的な稠密充填構造ではない複雑な構造を持つ金属間化合物の典型として，遷移金属で構成され，状態図上で σ 相や μ 相とよばれている化合物，たとえば前者では Fe-Cr 系，Co-Cr 系の σ 相，後者では Fe-Mo 系の μ 相などがよく知られている．これらの化合物の構造は，配位数の大きな非常に複雑なものであるが，位相幾何学的視点に立って考えれば，その原子充填を系統的に理解できることから，これらの構造の金属間化合物相を topologically close packing phase（TCP 相）とよぶことがある．これに対し，fcc 構造のような配位数 12 の剛体球稠密充填構造とそれに近い構造の金属間化合物相を geometrically close packing phase（GCP 相）とよぶ．TCP 相はすでに述べた理由で変形が困難で脆いため，Ni 基スーパーアロイの世界では，TCP 相の出現を避けるためのさまざまな工夫がなされている[3]．

5.2 具体的な変形機構に基づいた考え方—ダブルキンクモデル—

前節では，転位を運動させるために必要な応力，Peierls 応力と結晶構造を大まかにつなぐことによって，金属間化合物の結晶構造が複雑になるほど，変形が困難になり脆くなることを説明した．しかし，結晶構造が複雑になるとどの程度変形が困難になるのか，転位運動のメカニズムを考慮し，もう少し具体的に金属間化合物の脆さの問題を考えてみる．

5.2 具体的な変形機構に基づいた考え方

結晶にせん断応力がかかり図5.1(c)の転位が左方向に運動し始めれば，転位の周りの原子配列が変化し転位の周りの結晶のエネルギーが上昇する．転位がバーガースベクトルの大きさbだけ移動すれば転位の周囲のエネルギーはもとに戻るはずで，転位の移動距離をxとすれば$0<x<b$の範囲にエネルギー増加が最大になる位置がある．このエネルギーの山を，転位が1本真っすぐなまま越えるために必要な応力が(5.3)式で与えられるPeierls応力である．しかし，Peierls応力の高い結晶の中では，転位が全体として真っすぐなままこの山を越えるのではなく，図5.5のように，転位の一部が山を越え，キンクという転位の折れ曲がりの部分が左右に運動することによって転位全体がbだけ前進する．キンクの部分はエネルギーの山を跨いでいるので，その部分が左右に移動してもエネルギーに変化はなく，極めて容易に移動できる．このようなキンク対の転位線に沿う運動を介して転位全体が運動するメカニズムをダブルキンクメカニズムという．

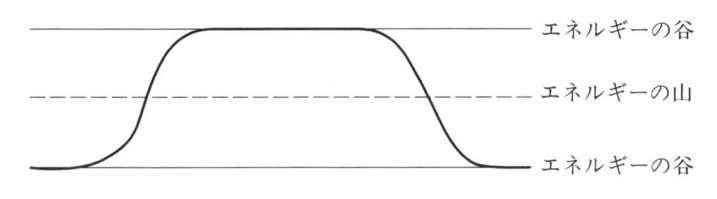

図5.5 ダブルキンク．

ダブルキンクの形成は，外部応力と熱振動によっておこる．温度Tが高く熱振動の寄与が大きければ，ダブルキンクメカニズムによる変形応力τは低くなり，一定応力下での変形ひずみ速度$\dot{\gamma}$は大きくなる（τの温度依存性の数式による説明は付録1参照）．ダブルキンクのエネルギーHはτの関数で$\tau, \dot{\gamma}, T$の関係を

$$\dot{\gamma} = \dot{\gamma}_0 \exp\{-H(\tau)/kT\} \qquad (5.4)$$

のように表すことができる（Hの導出過程は付録2参照）．ここで$\dot{\gamma}_0$は定数，kはボルツマン定数である．ひずみ速度一定のもとで(5.4)式を解いて変形応力τを求めれば，一般に図5.6の例のように温度の上昇と共に低下し，

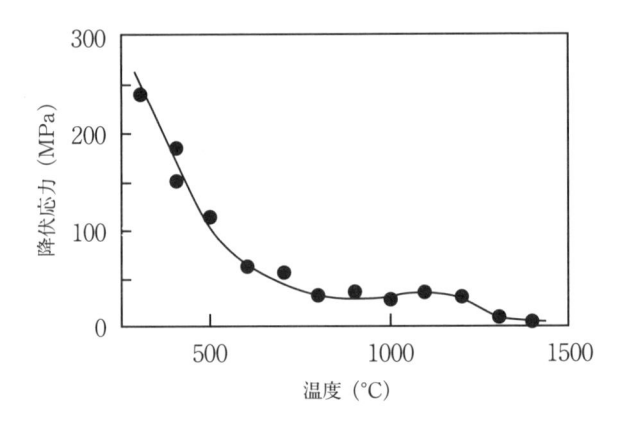

図 5.6 TaSi$_2$ 単結晶（[101]方位）の降伏応力（圧縮変形）の温度依存性.

ある温度 T_0 になれば変形応力は温度に依存しなくなる（図 5.6 では $T_0 \approx$ 1000℃）. T_0 以上では，ダブルキンクの形成エネルギーがすべて熱振動のエネルギーによって賄われるためである（τ の求め方は付録 1 参照）. 竹内ら[4,5]は，変形速度一定の通常の実験条件では(5.4)式の H/kT の値は一定値となり 25 前後であることから，H を与える式を用いて，

$$T_0 = 0.029(\mu b^3/k)(\tau_p/\mu)^{1/2} \tag{5.5}$$

を導いている（付録 2 参照）. τ_p は大まかに結晶構造とつながっているので，T_0 も (5.5) 式によって結晶構造とつながっている. T_0 が考えている金属間化合物の融点より低く通常の加熱方法によって達成される温度範囲にあれば，たとえ常温付近では変形できなくても，T_0 付近まで加熱することによって塑性変形（塑性加工）できる可能性がある. しかし T_0 が非常に高ければ，その金属間化合物には塑性変形能がないと考えるべきである. このように，d/b 比，b および μ の値と(5.3)，(5.5)式を用いて T_0 を見積もることによって，金属間化合物の塑性変形能を大まかに予測することができる.

図 5.7 は竹内[4] によって計算されたもので，$\mu = 50$ GPa と仮定したとき，$T_0 = 727℃$，$1227℃$，$1727℃$ となるために d/b 比と b の値がどの程度でなければならないかを示している. τ_p が大きく T_0 が高ければ，常温付近はもちろ

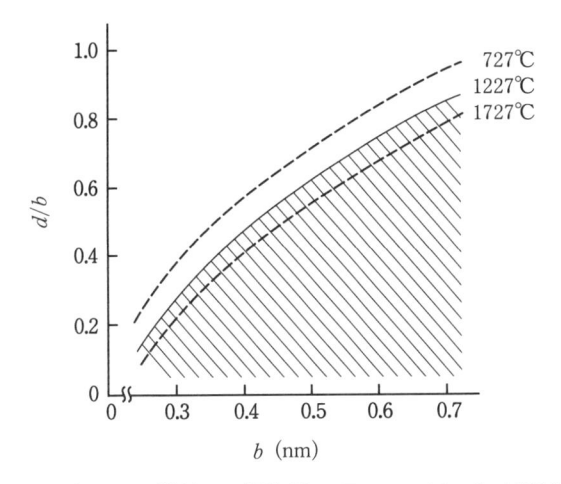

図 5.7 T_0, d/b, b の関係[4]. 斜線部は $T_0>1227°C$になる領域を表す.

ん一般的な高温加工温度においても依然として変形応力が高く，塑性変形する以前に破壊に至る可能性が高くなる．このことからも，結晶構造が複雑になり d/b 比が小さくなって b の値が大きくなれば，金属間化合物は一般に脆くなることがわかる．次節では，さらに破壊のメカニズムを考えることによって，金属間化合物の脆さに関する一般論をもう一歩推し進めることにする．

5.3 破壊力学的視点に立った考え方

5.1，5.2 節では，"低い Peierls 応力を期待できるすべり系が存在するか？"，さらに"温度上昇に伴って変形応力の有効な低下を期待し得るか？"，を考えることによって，d/b 比が小さく b が大きくなりがちな複雑な構造に結晶する多くの金属間化合物は，その変形応力が高く本質的に脆いと考えるべきであることを述べた．しかし，この考え方の中には，変形応力が高ければ，塑性的に変形する以前にクラックが発生伝播し破壊に至る傾向があることを暗々裏のうちに仮定している．現実に，引張試験すれば，塑性変形する以前に破壊する金属間化合物が多い．たとえ金属間規則格子化合物であっても，延性のあ

る金属・合金のような塑性変形挙動を示すものは少数である．それでは，なぜ金属間化合物にはクラックが発生伝播しやすいのであろうか．ここでは，結晶の延性と脆性に関するRice-Thomsonのモデル[6]を用いてこの問題を大づかみに理解することを試みる．

まず外部から引張荷重を受けている結晶を考える．この結晶に何らかの理由によってへき開クラックが発生したとき，直ちにそのクラック先端から転位が放出されクラック先端が十分に鈍化するなら，そのへき開クラックは進展せずへき開破壊は生じない．放出された転位が鋭利な先端を持つクラック（図5.8(a)）を鈍化するには，放出された転位のバーガースベクトルがクラック面に垂直な成分を持っていなければならない．鈍化のイメージを図にすれば図5.8(b)のようになる．クラック先端に生ずるなべ底のような鈍化した部分（図5.8(b)）の大きさはバーガースベクトルのクラック面に垂直な成分と放出される転位数の積に等しい．放出された転位は，(1)外力によってクラック先端に発生する応力場による力，(2)クラック面（表面）の存在による鏡像力，(3)転位の放出により新たに形成される表面による表面張力，を受ける．転位とクラック先端の距離をξ（原論文では転位のバーガースベクトルの大き

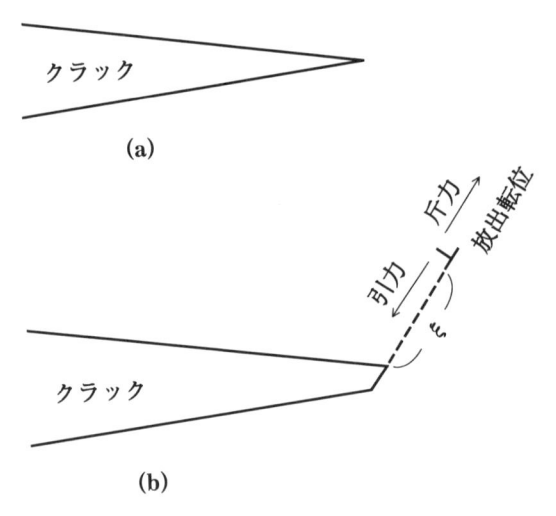

図5.8 (a)先端が鋭利なクラック，(b)転位放出により先端が鈍化したクラック．

さで規格化されている)とすれば,放出された転位の単位長さ当たりに働く(1)の力は,クラック先端に対して斥力で$\xi^{-1/2}$に比例する.一方,(2)と(3)の力は,それぞれξ^{-1},ξ^{-2}に比例する引力を転位に及ぼす.これらの力のξ依存性から,クラック先端近くでは引力が,遠くでは斥力が優勢となるが,クラック先端近傍のどこかで引力と斥力が平衡する.この位置を$\xi=\xi_0$とすれば,$\xi=\xi_0$は放出された転位にとって不安定平衡位置で,$\xi<\xi_0$にある転位はすべてクラック先端に吸収され,$\xi>\xi_0$にある転位はすべてクラック先端から遠くへ押しやられるはずである.もし,ξ_0が1より小さければ,すなわちこの不安定平衡位置が転位のバーガースベクトルの大きさ(言い換えれば,ほぼ転位芯の大きさ)より小さければ,転位はすべて$\xi>\xi_0$に放出されることになり,クラック先端は瞬時に鈍化する.したがって,クラックは進展せず破壊は生じない.一方,ξ_0が1より大きければ,クラック先端から転位が放出されるためには,転位はエネルギー障壁を越えなければならないことになり,クラック先端が鈍化されない可能性が残る.言い換えれば,その物質は本質的な脆性,あるいは少なくともある温度以下で脆性を示す可能性がある.このような脆い物質の大多数は,特定の結晶面に沿って剥がれるように破壊するへき開によって破壊する.

クラック先端から放出された転位に働く3種の力の計算は複雑であるが,RiceとThomsonは簡単なクラックの幾何学モデルと巧妙に計算を簡略化することによって,クラック先端からクラックラインに平行な転位が放出される場合,おおよそ

$$\xi_0 \fallingdotseq \mu b/10\gamma \tag{5.6}$$

となることを導いている.ここで,γはクラック面の表面エネルギーである.このことから,RiceとThomsonは$\mu b/\gamma > 7.5 \sim 10$であれば,脆性が発現あるいはある温度以下で延性-脆性遷移がおこる可能性があると結論している.もちろん,転位放出にエネルギー障壁があれば,転位は真っすぐではなく,ループ状に障壁を越えると考えなければならないが,この場合にも,直線状の転位の放出を考える場合と矛盾しない結果が得られている.クラック面の表面エネルギーγを正確に見積もることは難しいが,適当な実験結果を用いること

によって，表5.1のような $\mu b/\gamma$ の値が求められている．物質の脆さの傾向と $\mu b/\gamma$ の値の間に大まかではあるがよい相関が得られている．

表5.1　$\mu b/\gamma$ の値[6].

結　晶	$\mu b/\gamma$
Au	4.8
Cu	6.1
Ag	6.5
Al	8.5
Fe	8.7
LiF	26
MgO	29
Al_2O_3	18
Si	19

　このモデルは，あくまでも物質の脆さの傾向を破壊力学と転位論の立場から議論するためのものであって，個々の金属間化合物の脆さを定量的に議論する精密さを持ち合わせてはいない．しかし，物質の脆さを考えるうえで，$\mu b/\gamma$ が重要なパラメータになることの根拠を明解に示したことを評価すべきである．金属間化合物全般に当てはめれば，結晶構造が複雑になるにつれ，（1）活動が期待される転位のバーガースベクトルが大きくなる，（2）構成原子の周囲の電子分布が球対称性を失い，特定の方向の結合に共有性が生じるため，弾性異方性が大きくなると共に，せん断剛性率，μ そのものも大きくなる，（3）特定の方向に共有性が生じることは，同時に特定方向の電子雲の重なりが小さくなり特定の面の γ が小さくなり得る，ことから $\mu b/\gamma$ の値が大きくなり，特定の面でへき開破壊しやすくなる，すなわち脆性が発現しやすくなると概括できる．

　このことを，軽量耐熱材料としてかって注目された Al_3Ti を例にとってもう少し具体的に考えてみる．表5.2は，fcc, hcp, $L1_2$ 構造に近い正方晶の構造（図5.9）に結晶する Al, Ti, Al_3Ti のそれぞれの単結晶弾性定数から導いた多結晶弾性定数を示している（多結晶弾性定数の導出は付録3参照）[7~9]．Al_3Ti は Al 基の化合物であるにもかかわらず構成元素の Al はもち

5.3 破壊力学的視点に立った考え方

表5.2 Al, Ti, Al$_3$Ti の多結晶弾性定数 (GPa) と融点 (℃).

結晶	体積弾性率	ヤング率	剛性率	融点
Al	76.1	70.0	26.0	660
Ti	107.3	114.6	43.3	1660
Al$_3$Ti	105.6	215.7	93.0	1393

Al$_3$Ti の値は文献[7] より．Al と Ti の弾性定数は参考文献[8] の単結晶弾性定数より Hill の方法によって計算した（付録3）．

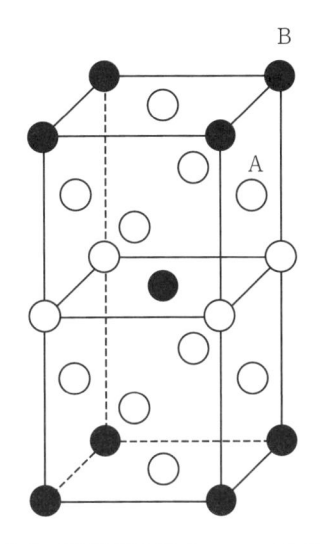

図5.9 Al$_3$Ti の結晶構造（化学量論組成 A$_3$B, Al$_3$Ti, tI8, $I4/mmm$）．
図4.2(a) の L1$_2$ 構造を 1/2⟨110⟩ だけずらせて [001] 方向に 2 つ積み上げてできる構造．

ろん Ti より大きな剛性率を持っている．しかし，凝集エネルギーとほぼ比例関係にあると考えられる体積弾性率は Ti のそれより少し小さく，物質全体を眺めれば凝集エネルギーと概略比例関係にある融点も Al よりはるかに高いが Ti の融点よりかなり低い．このことは，結晶全体にわたって原子間結合が強くなっているというより特定の原子間結合が強くなっていることを示唆している．また弾性定数 $\{c_{ij}\}$ の成分を比較することによっても，Al$_3$Ti 中の原子結合が強い方向性を持っていることを推論できる（付録4）．このように特定の

方向に強い結合があることの反面として、面間結合の弱い原子面が生ずる可能性が高く、事実同系統の化合物である Al_3Sc の表面エネルギーは $1.7 \, J/m^2$ で Al の $1.2 \, J/m^2$ に比してそれほど大きくなっていない。Al_3Ti の表面エネルギーは報告されていないが、Al_3Sc のそれと大差ないと考え、fcc の $1/2\langle110\rangle$ と $1/6\langle112\rangle$ に相当するバーガースベクトルの大きさ(Al_3Ti の格子定数 $a=0.384 \, nm$, $c=0.8596 \, nm$ から計算)と表5.2の μ 値を用いて $\mu b/\gamma$ を計算すれば、それぞれ約15、約9となる。したがって Rice-Thomson モデルによれば Al_3Ti は脆性化合物である。現実にも Al_3Ti に引張延性を認めた報告例はなく、数種の面でへき開破壊することが知られている。このように、金属間化合物には $\mu b/\gamma$ が大きくなる一般的傾向があると理解すべきで、金属間化合物ごとに程度の差はあるものの"脆さ"はむしろ金属間化合物の属性であると理解すべきである。

5.4 脆さを越えて

脆さが金属間化合物の属性であるなら、脆さを承知のうえで金属間化合物の優れた性質を利用することを考えるべきである。すでに述べたように、Al_3Ti は Al 基でありながら高融点、高剛性であり、しかも Al 基であるがゆえの優れた耐酸化性を有している。しかし、これらの優れた性質、たとえば高剛性をもたらしている異方的な原子間結合が脆性の原因でもある。したがって Al_3Ti の優れた性質をそのままに優れた延性・強靱を付与することは不可能であるといっても過言ではない。ただしクラックの発生伝播を阻止すれば、たとえば圧縮によれば Al_3Ti でも塑性変形する[10]。さらに極端な例をあげれば、Nb_3Sn を 2000 MPa 以上の静水圧下で常温押出変形した例(ひずみは60%にも達する)がある[11]。Nb_3Sn は超伝導化合物で一部の超伝導磁石用に実用化されているが、力学的には非常に脆い化合物である。このように脆い化合物でも転位による塑性変形機構を備えている点で金属間化合物はセラミックスと異なっている。たとえ圧縮応力下あるいは静水圧下であっても変形できれば、そのような条件下で変形を試みることによって変形に関与する転位や面欠陥さらには塑

5.4 脆さを越えて

性変形機構を解明できる．このようにして得られた転位や面欠陥，塑性変形機構に関する数多くの成果は金属間化合物の変形に関する知識を拡大することに大いに貢献した．しかし"圧縮であれば変形できる"ことの実用的意味をほとんど見い出し得ずにいる．

意識的に圧縮応力下での変形能を利用した例ではないが，金属間化合物の圧縮変形能が機能していたと考えられる事例が身近な亜鉛めっき鋼板に最近見いだされている．鉄鋼製品に亜鉛めっきを施すのは防食のためであるが，自動車のボディーのようなプレスその他の加工が施される鋼板の表面には，防食性はもちろんプレス型との摩擦係数や表面硬さが適度な値を持っていることも求められる．そこで，亜鉛めっきの後，表面の亜鉛を亜鉛と鉄の金属間化合物に変えるための熱処理（合金化処理）が行われる．鉄-亜鉛系には鉄含有量の多い順に，Γ, Γ_1, δ_{1k}, δ_{1p}, ζ 相とよばれる金属間化合物相が存在するので，熱処理によって亜鉛層は下地鉄直上の Γ 相から表面の ζ 相に至る複数の相からなる金属間化合物層に変わる．これら金属間化合物はすべて下地鉄の bcc 格子を基礎とする大きな単位胞の複雑な結晶構造を持っていて，これまでの議論を踏まえれば，室温付近で延性のある化合物であるとは到底考えられない．しかし，実際にはこれら化合物で表面を覆われた鋼板が厳しいプレス加工を経て自動車ボディーに加工されている．これら表面の脆い化合物は加工によって破壊しながらも，曲げ加工の圧縮側表面でもほとんど剥がれずに付着している．一見不思議な現象であるが，最近の研究によって，曲げ加工に伴う圧縮ひずみの緩和にこれら化合物の圧縮変形能がかなり寄与していることが明らかになっている[12]．防食性という力学特性以外の性質と，構造材料としてなら実用性のない圧縮応力下でのみ存在する変形能がうまく結びついた非常に興味深い例である．今後，これに類する新しい視点に立った金属間化合物の利用法を考えることも大いに有意義である．

要するに，あくまでも一定の脆さを前提に，注目する優れた性質の利用法を考えるという視点が金属間化合物の開発の根底になければならないのであって，これまで国内外において，さまざまな金属間化合物に引張延性を付与する試みがなされているが，脆さの起源（多くの場合，優れた特性の起源でもあ

る）をわきまえなかった無謀な試みはすべて失敗に終わっている．近年，TiAl 基合金製自動車用ターボチャージャーのローター翼が開発され，すでに実用されているが，一定の脆さを許容しつつ，軽さ，高温強度，耐酸化性など優れた性質を生かして開発に成功した，数少ない構造用金属間化合物の応用例である．TiAl 基合金については 9.2 節で詳述する．6～8 章では金属間化合物中の格子欠陥，変形，拡散など基礎的問題を解説する．"そういう性質があるなら，こう使えないかな？……"等々，基礎から応用への視点を忘れずに読み進めていただきたい．

6章

面欠陥，転位，双晶

　結晶の塑性変形を考えるとき，塑性変形を担う転位や双晶，転位の分解や双晶形成に深く関わる面欠陥に関する知識が不可欠である．塑性変形に直接関係しない結晶成長，薄膜形成，機能材料の製造プロセス（不可避的に応力・ひずみが発生することが多い）等々の研究分野でも，転位や面欠陥を導入しないために，あるいは転位や面欠陥を取り除くために，面欠陥や転位に関する知識が不可欠である場合が多い．しかし，どのような転位や面欠陥が存在するかは結晶構造に依存する．したがって，詳しくは結晶構造ごとに考えなくてはならない．参考文献[1,13,14]には，転位や双晶，さまざまな面欠陥など，金属間化合物中に存在する点欠陥以外の格子欠陥について，数多くの結晶構造を取り上げ具体的に解説されている．ここでは，構造材料として重要な金属間規則格子化合物に現れる基本的な結晶構造に限定して，その中の面欠陥，転位，双晶について説明する．もちろんこれらの構造に現れる特徴的な面欠陥，転位，双晶に関する知識は，広くこの範疇を越えた金属間化合物中の格子欠陥を考えるときの基礎となる内容を含んでいることはいうまでもない．

6.1　逆位相境界と転位

　異種原子が規則配列する規則構造では，その規則配列故に基礎となっている構造より結晶の対称性が低下する（したがって消滅則が満たされなくなり規則格子反射が観測される）．たとえば，B2構造（図4.2（c））のブラベー格子はもはや体心立方ではなく単純立方であり，$L1_2$構造（図4.2（a））と $L1_0$ 構造（図4.2（b））のそれは面心立方ではなく，それぞれ単純立方と単純正方である．したがって，B2構造のたとえば[111]，$L1_2$構造の[110]，$L1_0$構造の[101]の各方向を見れば，並進対称性を満足する最短距離は，それぞれ基礎と

なる bcc 構造，fcc 構造のそれの 2 倍になっている．このことは直ちに，それぞれの構造のそれぞれの方向（ならびにそれらと同等の方向）におこるすべりを担う転位のバーガースベクトルが，それぞれ bcc 構造，fcc 構造の転位の 2 倍でなければならないことを意味している．B2，L1$_2$，L1$_0$ 構造について具体的に図示すると複雑になるので，A，B 原子からなる原子列（原子間隔 d）が互いの最近接原子列が異種原子列になるよう規則配列した仮想的な構造（図 6.1(a)）を用いてこの意味を考える．

図 6.1 の A，B 原子が同一原子であれば（基礎となっている構造では），バーガースベクトル b を持った転位が右から左へすべり運動しても，上の結晶は下の結晶に対して相対的に b だけ変位し，転位の背後になんら欠陥を生じない．しかし，A，B 原子の規則配列があれば，バーガースベクトル b の転位

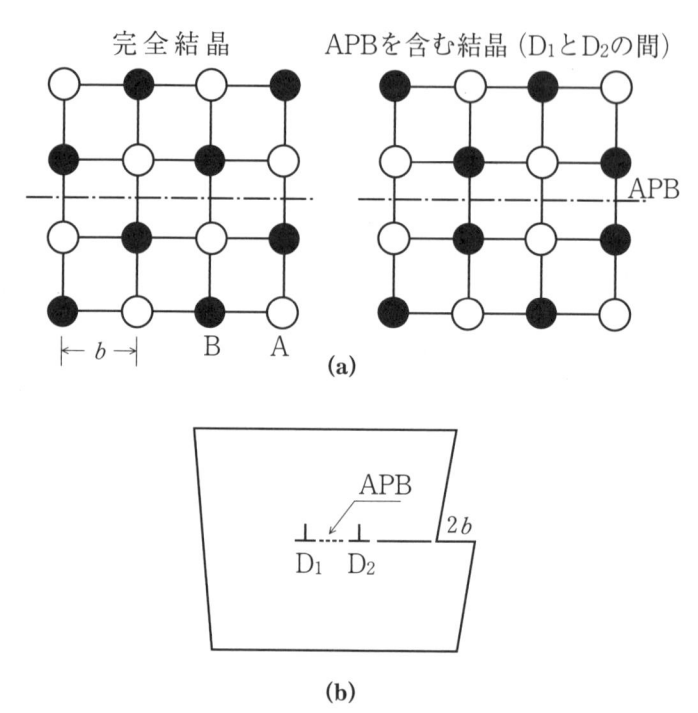

図 6.1 （a）仮想的規則構造と APB，（b）規則格子部分転位対．

6.1 逆位相境界と転位

D_1（図6.1（b））の背後には，完全な結晶中には存在しない同種原子列の最近接関係が生じる．いま最近接関係にある原子の相互作用のみを考え，転位 D_1 の前後を比較すれば，すべり面上の面積 $2bd$ 当たり，2つの A-B 結合が A-A，B-B 結合に変化している．したがって，A-A，B-B，A-B 原子間の相互作用エネルギーをそれぞれ V_{AA}，V_{BB}，V_{AB} とすれば，転位 D_1 の背後に単位面積当たり

$$\gamma = E_{\text{ord}}/bd \tag{6.1}$$

$$E_{\text{ord}} = (V_{AA} + V_{BB})/2 - V_{AB} \tag{6.2}$$

のエネルギーを持った面欠陥が生ずる．このような面欠陥を逆位相境界（antiphase boundary，簡単に APB とよばれることが多い），APB 面の上下の結晶のずれのベクトル（相対変位ベクトル）を欠陥ベクトルあるいは APB ベクトルとよぶ．E_{ord} は規則化エネルギー（ordering energy）とよばれ，規則化の起こりやすさを表す量である．安定な規則構造ほど規則化エネルギーが高く，転位 D_1 の背後に形成される APB のエネルギーは高くなる．このように単位面積当たり一定のエネルギーを持つ APB が結晶の中でどんどん広がることはエネルギー的にあり得ない．転位 D_1 の背後に生じた APB を解消するには，転位 D_1 と同じバーガースベクトルを持つ転位 D_2 が D_1 と同じすべり面をすべってくればよい．したがって，この結晶のすべりは，図6.1（b）のように転位 D_1 と転位 D_2 がペアを組んで，言い換えれば，全体としてすべり方向の並進対称性を満足する最短距離に当たる $2b$ のバーガースベクトルを持つ転位として運動することによっておこる．転位 D_1，D_2 を規則格子部分転位（superlattice partial dislocation），全体として $2b$ のバーガースベクトルを持つ転位を規則格子転位（superlattice dislocation）とよぶ．このような転位の挙動を規則格子転位が APB を形成して規則格子部分転位に分解しているという．図6.2はこのような規則格子部分転位対の電子顕微鏡による観察例である．もちろん，転位分解がおこるためには，分解することによってエネルギーの利得がなければならない．転位分解がおこるためのエネルギー条件と規則格子部分転位の平衡間隔の求め方を付録5に説明した．逆に電子顕微鏡によって平衡間隔が実測され剛性率が既知であれば，APB のエネルギーを求めること

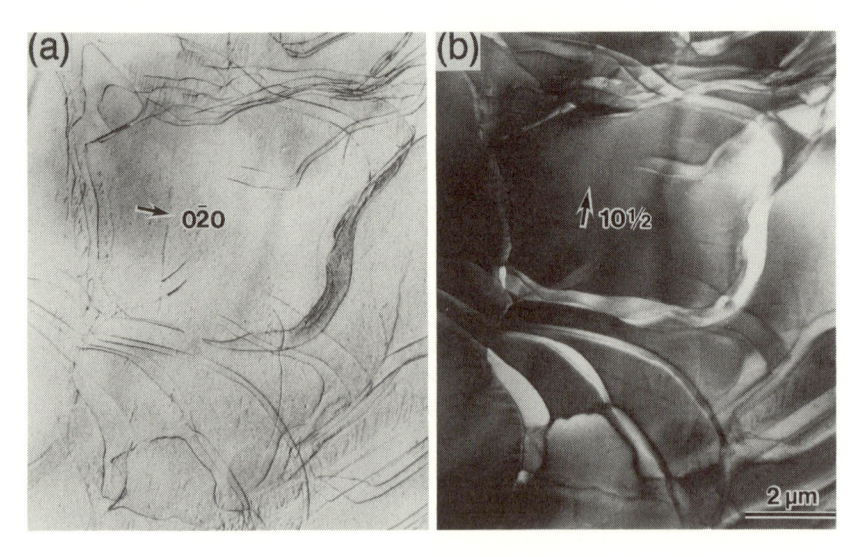

図 6.2 Al$_3$Ti 中の(001)面上の APB を挟む転位分解[10].
　　　図中の指数は反射ベクトル(g)である.（a）$g=0, \bar{2}, 0$ の明視野像（APB はコントラストを持っていない），（b）同じ場所の $g=1, 0, 1/2$ の暗視野像（明るいコントラストを持っている部分が APB).

ができる．

　規則格子転位が図 6.2 のように常に 2 本の規則格子部分転位に分解するとは限らない（付録 5）．基礎となる構造と同じすべり系が活動する限り，基礎となる構造の完全転位が規則格子部分転位となる．規則格子転位のバーガースベクトルが規則格子部分転位のそれの何倍になるか，言い換えれば規則格子転位が何本の規則格子部分転位に分解するかは，すべり方向の並進対称性を満足する最短距離が基礎となっている構造のそれの何倍になっているかによる．図 4.2 に示した構造の中では D0$_3$ 構造（図 4.2(d)）のみ 4 倍で他の構造はすべて 2 倍である．個々の構造について図 6.1(a) の仮想的規則構造の場合と同様に考えれば，どのような規則配列の乱れが生じ，どのようなエネルギーの APB が形成されるか，容易に知ることができる．巻末の参考文献[1,13,15,16]では，さまざまな構造の金属間化合物中の APB についてこのような考察が行わ

れている．規則格子部分転位の平衡間隔の計算も付録5と同様に行えばよい．

ただし，基礎となっている構造がfccやhcpの場合，問題はもう少し複雑である．なぜなら，規則格子部分転位は基礎となっている構造の完全転位であるから，基礎となっている構造中でおこる完全転位の分解をも考えなければならないからである．基礎となっている構造中の完全転位の分解には最稠密面の積層不整である積層欠陥が関与する．一方，金属間規則格子化合物中の規則格子部分転位の分解には，基礎となっている構造と同じ積層欠陥と異種原子の配列不整と積層不整が重畳して生ずる面欠陥が関与する．後者の面欠陥はAPBと同じく規則構造に典型的な面欠陥である．次節で，$L1_2$構造を例として取り上げこのような面欠陥について説明する．

6.2 $L1_2$構造の積層欠陥と転位
6.2.1 fcc構造の積層欠陥と転位分解

fcc構造の(111)原子面の積み重なり方がわかりやすくなるよう，単位胞とその中の(111)原子面ならびに同面上の方位を図6.3(a)に示した．5.1節でも述べたように，A原子面のくぼみ位置pにB原子面の原子が，そのB原子面のくぼみ位置qにC原子面の原子がそれぞれ位置するように，fcc構造の{111}稠密原子面の…ABCABC…積層ができあがっている．図の丸印は原子の位置を表していて，それぞれの原子の12個の最近接原子は，剛体球を積み重ねたように互いに接している．しかし，B原子面が，その各々の原子位置（A原子面に投影した位置）をp→qのように間違えて，すなわち本来C原子面の原子位置に積み重なっても，原子の稠密充填状態と少なくとも第2近接までの原子の距離関係に変化を生じない．したがって，このような原子面の積層の誤り，すなわち積層不整が容易に生じ得る．ここで，B原子面の原子位置にp→qの間違いが生じた状態の(111)原子面の積層を示すと図6.3(b)のようになる．実線の原子が図6.3(a)のC，A，B原子面の原子に対応し，点線で示すB原子面がC原子面に変わっている．積層不整は図6.3(a)のA原子面とB原子面の間で生じたので，積層欠陥はこのA原子面とB原子面の間にあ

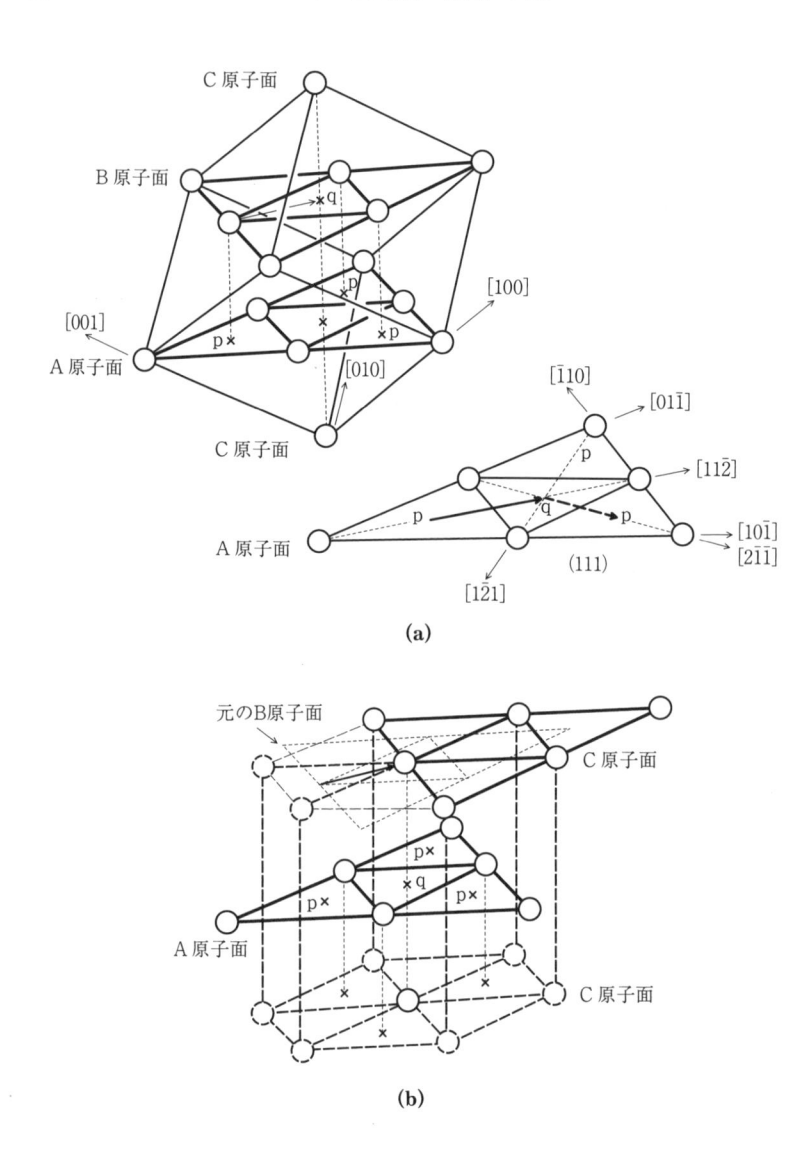

図 6.3 (a) fcc 単位胞と(111)原子面の積み重なり，(b) B 原子面の原子位置に p → q の間違いが生じた状態の(111)原子面の積層．

6.2 L1$_2$ 構造の積層欠陥と転位

る．図 6.3(b) の実線の原子の周りにある原子（破線の原子）を記入し，対応する単位胞を描けば，積層欠陥の上下の原子面は hcp 構造の (0001) と同じ積み重なり方をしていることがわかる．fcc 構造の …CABCAB… 積層は，…CA/CABC…（/ は積層欠陥面）のように変わり（図 6.4），図 6.3(b) では積層欠陥面を挟む CA/C 積層（hcp 構造の …CACA… 積層の一部）を見ていることになる．このように，fcc 結晶中に積層欠陥が生じることは，積層欠陥面の上下に hcp 構造が局所的に生ずることである．言い換えれば，fcc 構造と hcp 構造のように，互いに稠密でよく似た 2 つの構造が存在することが，fcc 構造の稠密面に積層欠陥が生じやすい理由である．そして積層欠陥のエネルギーは，fcc 構造に比してどれだけ対応する hcp 構造の凝集エネルギーが高いかに依存する．ここに述べた議論はそのまま hcp 結晶中の積層欠陥にも当てはめることができる．

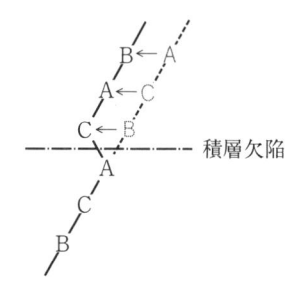

図 6.4　fcc 構造の …ABCABC… 積層と積層欠陥．

図 6.3 で説明した積層欠陥は，図 6.3(a) の A 原子面と B 原子面の間で結晶を上下に分け，上の結晶を下の結晶に対して相対的に図の矢印のベクトル（ミラー指数を付した図 6.3(a) 付図の矢印 pq，すなわち $1/6[11\bar{2}]$）だけ変位させることによって形成されるといってもよい．このようにして積層欠陥を形成した後，再び積層欠陥面を境に上の結晶を下の結晶に対して，こんどは図 6.3(a) 付図の点線の矢印 qp（$1/6[2\bar{1}\bar{1}]$）の相対変位を与えれば積層欠陥は解消する．すなわち，積層欠陥面直上の原子面の各原子は再び A 原子面のくぼみ p に位置することになり，すべり面を挟んで fcc 構造本来の …CA/BCAB…

(/はすべり面) 積層が回復する．このことは，並進対称性を満足する 1/2 [10$\bar{1}$]（=1/6[11$\bar{2}$]+1/6[2$\bar{1}\bar{1}$]）だけ上の結晶を下の結晶に対して相対的に変位しても結晶の構造は変化しないが，相対変位 1/2[10$\bar{1}$] を 1/6[11$\bar{2}$]+1/6[2$\bar{1}\bar{1}$] のように 2 度に分けて与えれば，1/6⟨112⟩ は並進対称性を満足する最短距離より短いため上下の結晶の間に積層欠陥が生じることを示している．転位論的に説明するなら，相対変位 1/2[10$\bar{1}$] を 1/6[11$\bar{2}$]+1/6[2$\bar{1}\bar{1}$] のように分けることは，図 6.5 に示すように，1/2[10$\bar{1}$] 転位が

$$1/2[10\bar{1}] \rightarrow 1/6[11\bar{2}] + 1/6[2\bar{1}\bar{1}] \tag{6.3}$$

したがって 1/6[11$\bar{2}$] 転位と 1/6[2$\bar{1}\bar{1}$] 転位に分解していることに等しく，この 2 本の 1/6⟨112⟩ 転位間に積層欠陥が形成される．

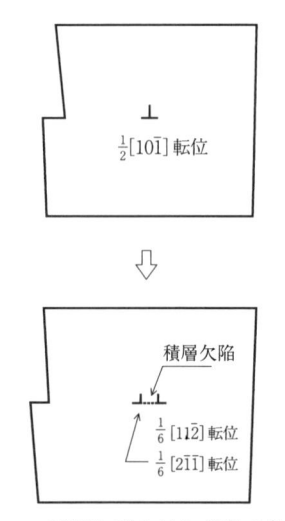

図 6.5 積層欠陥を挟む転位分解．

この 1/6⟨112⟩ 転位をショックレー部分転位とよぶ．部分転位間の平衡距離は規則格子部分転位間の平衡距離と同様にして求められる（付録 5）．次項では L1$_2$ 構造の積層欠陥について説明するが，実は fcc を L1$_2$ に hcp を D0$_{19}$ に置き換えれば，これまでの説明がほとんど L1$_2$ 構造の積層欠陥の説明になる．L1$_2$/D0$_{19}$ 構造間の関係は fcc/hcp 構造間の関係と非常によく似ているのであ

る．なお，巻末の参考文献[14]に，このような金属間化合物の構造間の類似関係が詳しく解説されている．

6.2.2 L1$_2$ 構造の面欠陥と転位分解

図 6.3(a) の面心の原子を X，体隅の原子を Y とすれば X_3Y 組成の L1$_2$

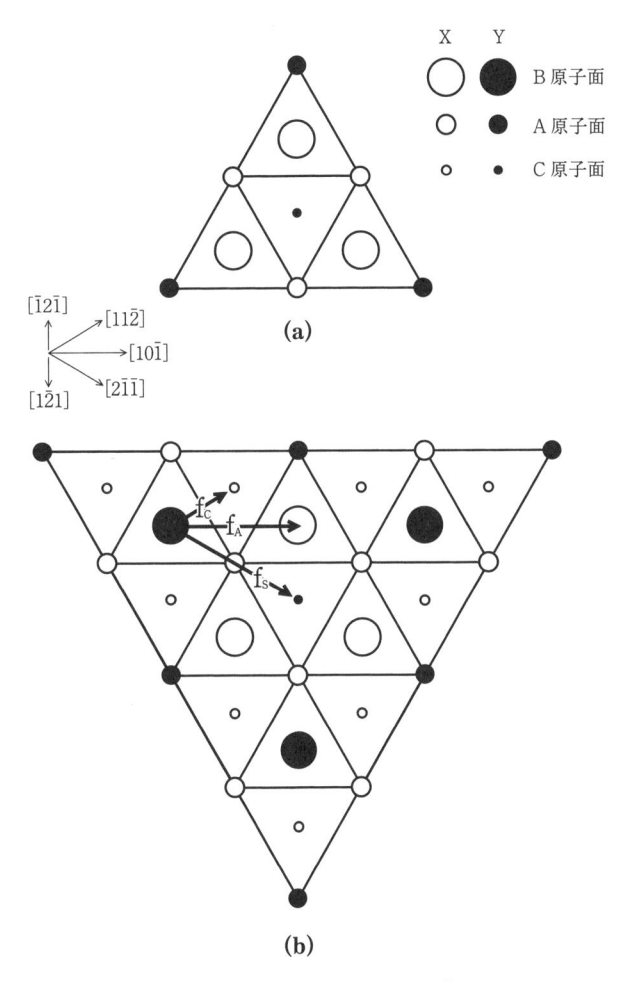

図 6.6 (a) L1$_2$ 構造（X_3Y 組成）の (111) 原子面の積み重なりと原子配列，(b) (111) 面上の欠陥ベクトル．

構造（図4.2(a)）ができあがる．単位胞内のA原子面とその直上のB原子面および直下のC原子面の原子配列（図6.6(a)）を拡張すれば，L1$_2$構造の(111)原子面の積層を示す図6.6(b)が得られる．先のfcc構造の場合と同じくA原子面とB原子面の間ですべりがおこると考えよう．このときL1$_2$構造を形成することによって，格子のタイプが面心立方から単純立方へ変化し，⟨110⟩方向の最小並進ベクトルの大きさが2倍になっていることを忘れてはならない．図6.3(a)で行ったように，B原子面以上を下の結晶に対して相対的に1/2[10$\bar{1}$]（図6.6(b)のベクトルf_A）だけ変位させれば，B原子面のY原子は本来X原子がいるべき位置に移動してしまう．すなわちL1$_2$構造では1/2[10$\bar{1}$]転位は完全転位ではなく，単独ですべり運動すればその背後に6.1節で述べたAPBが形成される．APBを背後に残さないためには1/2[10$\bar{1}$]転位が対になって運動しなければならない．このようにL1$_2$構造の(111)[10$\bar{1}$]すべりを担う完全転位のバーガースベクトルは[10$\bar{1}$]で，この完全転位はAPBを挟んで2本の1/2[10$\bar{1}$]規則格子部分転位に分解する．ここまでは6.1節の説明と全く同じである．

しかし，1/2[10$\bar{1}$]規則格子部分転位は基礎となる構造であるfcc構造の完全転位に対応するので，この部分転位にはさらなる分解，すなわち$f_A \to f_C + (f_A - f_C)$が可能である．$f_C(1/6[11\bar{2}])$や$f_A - f_C(=1/6[2\bar{1}\bar{1}])$はfcc構造のショックレー部分転位のバーガースベクトルに対応する．fcc結晶であれば，2本のショックレー部分転位間に図6.3で説明した積層欠陥が形成される．L1$_2$構造の場合はどうであろうか？　まずB原子面以上を下の結晶に対して相対的にf_Cだけ変位させ，変位前と変位後の原子配列を比較してみよう．CAB積層がCA/C積層に変わる点はfcc結晶と同じである．しかし，元のB原子面上のY原子に注目すれば，Y原子の下にあってY原子と第1近接関係にある3個のA原子面の原子の種類が変位前のそれと異なってしまっていることがわかる．すなわち，相対変位ベクトルf_Cによって形成される面欠陥の場合，積層不整と規則配列の乱れが重畳するのである．規則配列の乱れのない積層不整だけの面欠陥を作るには，大きさがf_Cの2倍である変位ベクトル$f_S(1/3[2\bar{1}\bar{1}])$が必要である．この$f_S$による面欠陥はfcc結晶の積層欠陥に対応し，super-

6.2 L1$_2$構造の積層欠陥と転位

lattice intrinsic stacking fault（SISF）と名付けられている（変位ベクトルの添え字 s は superlattice intrinsic の s を意味する）．SISF の上下の原子の並びは hcp 構造を基礎とする D0$_{19}$ 構造（図 4.2(e)）と同じで，SISF エネルギーは L1$_2$ 構造と D0$_{19}$ 構造の凝集エネルギーの差であると考えてよい．f_c による面欠陥の上下の原子配列を調べれば，f_c によって SISF と APB が重畳した面欠陥が形成されていることがわかる．そのエネルギーも大まかに両者のエネルギーの和になっていると考えてよい．このような面欠陥を complex stacking fault（CSF）とよんでいる（変位ベクトルの添え字 c は complex を意味する）．

- $[10\bar{1}] \longrightarrow \overset{\text{CSF}}{\tfrac{1}{6}[2\bar{1}\bar{1}] + \tfrac{1}{6}[11\bar{2}]} + \overset{\text{APB}}{} \overset{\text{CSF}}{\tfrac{1}{6}[2\bar{1}\bar{1}] + \tfrac{1}{6}[11\bar{2}]}$ (1)

- $[10\bar{1}] \longrightarrow \overset{\text{CSF}}{\tfrac{1}{6}[2\bar{1}\bar{1}] + \tfrac{1}{6}[11\bar{2}]} + \overset{\text{APB}}{} \overset{\text{SISF}}{\tfrac{1}{6}[\bar{1}2\bar{1}] + \tfrac{1}{6}[1\bar{2}1]} + \overset{\text{APB}}{} \overset{\text{CSF}}{\tfrac{1}{6}[2\bar{1}\bar{1}] + \tfrac{1}{6}[11\bar{2}]}$ (2)

- $[10\bar{1}] \longrightarrow \overset{\text{SISF}}{\tfrac{1}{3}[11\bar{2}] + \tfrac{1}{3}[2\bar{1}\bar{1}]}$ (3)

図 6.7 L1$_2$ 化合物中の転位分解．

このような 3 種の面欠陥の存在を考慮すれば，L1$_2$ 型金属間化合物中の完全転位，たとえば $[10\bar{1}]$ 転位は，これらの面欠陥を介して図 6.7 のような分解が可能である．$[10\bar{1}]$ 転位のみならずと $[10\bar{1}]$ と等価なベクトル（たとえば $[1\bar{1}0]$ や $[01\bar{1}]$，これらをまとめて $\langle 110 \rangle$ と表記する）をバーガースベクトルとする転位すべてについて同様のことがいえる．ただし，運動できる状態にある $\langle 110 \rangle$ 転位は形式-1 の分解をしていると考えられている．ただ CSF エネルギーは APB のそれより大きく，たとえば典型的な L1$_2$ 化合物である Ni$_3$Al では，$\langle 110 \rangle$ 転位は APB を挟んで $1/2\langle 110 \rangle$ 部分転位に分解するが，$1/2\langle 110 \rangle$ 転位の CSF を挟む分解幅はこの部分転位のバーガースベクトルの大きさの数倍程度に留まると考えられている．したがって運動できる状態の $\langle 110 \rangle$ 転位は，APB

を介して2本の広がった転位芯を持つ1/2⟨110⟩部分転位に分解していると考えるのが実質的である。関与する面欠陥のエネルギーの大小関係，したがって金属間化合物の種類によってはその他の形式の分解も実際に観察されている。またSISFを含むさらに複雑な分解形式も報告されている。APB，CSF，SISFエネルギーの表式や転位分解形式の詳細については，巻末の文献[15~17]を参考にするとよい．

6.3 転位の分解がおこらなければ？

　金属間規則格子化合物は，基礎となる構造の塑性をある程度受け継いでいるため，多かれ少なかれ塑性変形能を持っている．しかし，基礎となる構造の塑性を引き継ぐためには，大きなバーガースベクトルの規則格子転位が，基礎となる構造の変形を実際に担っている転位のバーガースベクトルに対応する小さなバーガースベクトルの規則格子部分転位にまで分解できることが大前提である．たとえばfcc構造を基礎とする構造の場合，少なくとも$a/2⟨110⟩$まで，bcc構造を基礎とする構造の場合なら$a/2⟨111⟩$まで分解できることが前提となる（aは基礎となる構造の格子定数）．このような分解がおこっても，十分な塑性が必ずしも保証されるわけではない．しかし，分解がおこらなければ，基礎となる構造の塑性を担う転位とは異なったバーガースベクトルを持つ転位が活動せざるを得ない．このような転位は，基礎となる構造の変形に最も有利な最短のバーガースベクトルではなく，必然的により長いバーガースベクトルを持っている．当然d/b比も小さくなる．5章で述べた金属間化合物の脆さの理由を振り返ってみれば，これらのことによって金属間化合物はより脆くなる傾向を示すはずである．

　fcc系のL1$_2$型化合物であるNi$_3$AlとPt$_3$Alを例にとろう．すべり系がfcc金属・合金と同じで$a/6⟨112⟩$転位まで分解できるNi$_3$Alは，粒界破壊を抑制するボロンを0.1 mass%程度添加すれば多結晶状態で室温引張延性を示す（10章参照）．一方，すべり系が{001}⟨110⟩であるPt$_3$AlはNi$_3$Alに比してはるかに脆く，圧縮による単結晶の変形実験においても，広い温度範囲で圧縮ひ

ずみが 0.1～0.2％に達すると多くの場合破壊したと報告されている[18]。

 bcc 系の B2 型や D0$_3$ 型化合物の場合，すべり方向が bcc 金属・合金と同じ {111}で，規則格子転位が $a/2${111}転位まで分解していることが，多結晶状態で引張延性を示すための必要条件であるといってよい．この条件を満たす，たとえば CuZn(B2)，V を 2 mass％程度添加した FeCo(B2)，Fe$_3$Al(D0$_3$) には室温で引張延性がある．一方，{100}⟨100⟩や{110}⟨100⟩をすべり系とする NiAl や CoAl の多結晶は全く室温引張延性を示さない．

6.4 規則-不規則変態によってできる APB

 図 3.1(a)の AB 近傍の組成を持つ金属間化合物（規則合金）を溶解凝固する場合を考えてみる．凝固が完了した温度では構成元素がランダムに格子点を占有する不規則状態（たとえば図 1.3(a)）にあるが，温度が降下し規則構造の安定な領域に入る温度になれば，規則相の核がインゴットの随所で形成され，それぞれ成長し始める．いずれ異なる核から成長した領域がぶつかり合うことになるが，もし図 6.8 の 1 次元モデルのように，右と左から成長した 2 つの隣り合う領域で A 原子と B 原子の繰り返し配列の位相が逆になっていれば，2 つの領域がぶつかったところに境界が生ずる．このような境界も APB である．インゴットの内部では，異なる位相で A，B 原子が配列した領域があたかも結晶粒のように分布し，その結晶粒に対応する領域の境界が APB になっている．この APB に囲まれた結晶粒のような領域を antiphase domain (APD) とよんでいる．

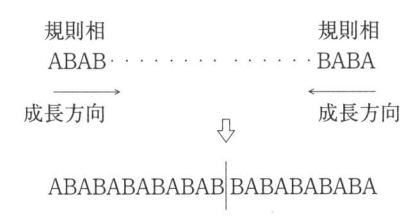

```
       規則相                  規則相
       ABAB・・・・・・・・・・・BABA
      →成長方向              成長方向←
                    ⇩
       ABABABABABAB|BABABABABA
                   APB
```

図 6.8 規則-不規則変態によってできる APB．

規則格子転位の分解によって生ずる APB と規則相の核生成と成長によって形成される APB は，APB 面の上下の結晶の相対変位ベクトルが同じであるという意味で同じものである．しかし，前者は基本的には転位のすべり面上に形成されるものであるが，後者は原理的にどのような結晶面にも形成され得る，という点で異なっている．APB エネルギーは単位面積当たりどれだけ間違った異種原子の隣接関係があるかによって決まるため，形成される面によって異なってくる．もし APB エネルギーが形成される面によって大きく変わらないなら，規則相の核生成・成長によって形成される APD は不規則な形をし

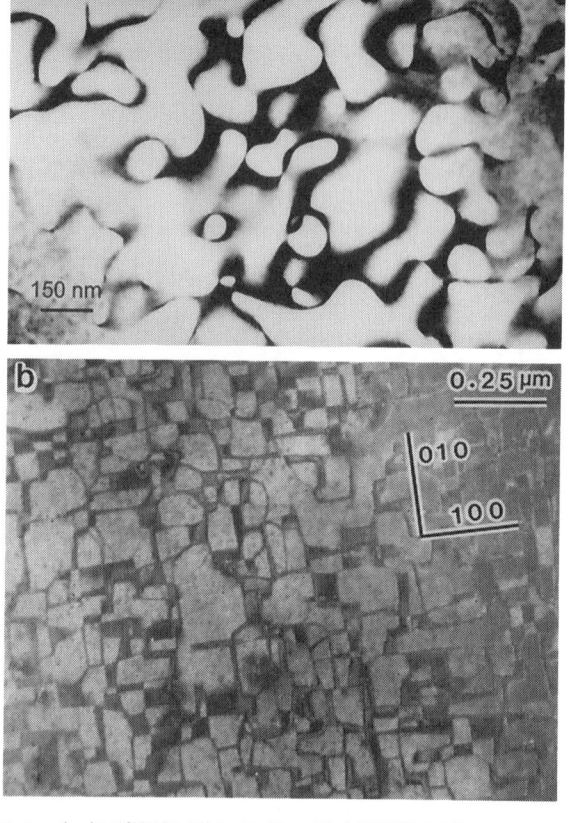

図6.9 （a）不規則な形の APD，（b）規則的な形の APD[20].

ていると期待され，事実，図 6.9(a)のような不定形の APD が観察されている．しかし，APB エネルギーの異方性が大きければ，できるだけ APB エネルギーの低い面で囲まれた APD が形成されるはずである．たとえば，L1$_2$ 化合物中の 1/2[110] を相対変位ベクトルとする APB のエネルギー γ が，相対変位ベクトルを晶帯軸とする任意の $\{hkl\}$ 面でどのように変化するか，第 1 近接関係のみを考慮してを計算してみれば，次式のような結果が得られる．

$$\gamma = 2E_{ord}h/a^2/\sqrt{N}, \quad N = h^2 + k^2 + l^2, \quad h \geq k \quad (6.4)$$

ここで，E_{ord} は第 1 近接関係の規則化エネルギー（(6.2)式），a は格子定数である[19]．上式によれば，この APB のたとえば $(1\bar{1}\bar{1})$ と (001) 面上のエネルギーはそれぞれ $2E_{ord}/\sqrt{3}/a^2$, 0 となる．ただし，第 2 近接関係まで考慮すれば (001) 面上の APB エネルギーは 0 にはならない（8.1.2 項参照）．実際，APB エネルギーの異方性が大きい Cu$_3$Au 中の APD は $\{100\}$ 面上の APB で囲まれ図 6.9(b)のような矩形状となる[20]．

6.5 双晶と双晶境界

図 4.2 の結晶構造のうち，正方晶の L1$_0$ 構造（図 4.2(b)）にのみ双晶が観察される．したがって，構造材料として研究されている大部分の金属間化合物の変形には双晶は関与しないし，熱的に形成されることもない．しかし，L1$_0$ 構造に結晶する金属間化合物には，新しい軽量の高温材料として注目され実用化が始まりつつある TiAl や興味ある磁性を示す FePt のような化合物が含まれていて，双晶の正しい理解がこれら化合物の組織と変形を理解するうえで非常に重要である．さらに，L1$_0$ 構造より複雑な正方晶の構造にも双晶が普遍的に観察される．

図 6.10(a)に示すように，fcc 金属・合金中の $\{111\}$ 面に積層欠陥を 1 枚導入すれば，積層欠陥をはさむ $\{111\}$ 面の CA/C 積層（/は積層欠陥面），すなわち 3 枚の $\{111\}$ で構成され積層欠陥面を双晶面とする最小単位の双晶が形成される．図 6.10(b)のように，積層欠陥面より 1 枚上の面にさらにもう 1 枚の積層欠陥を導入すれば，双晶は BCACB のように成長する．このようにして

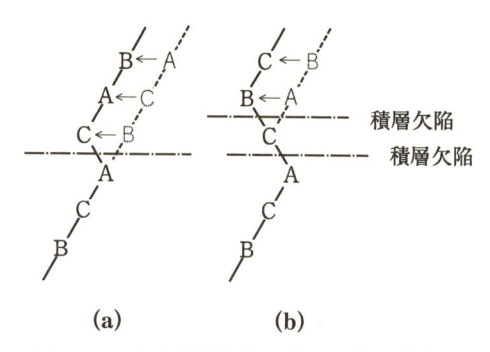

図 6.10 （a）積層欠陥, （b）双晶の形成.

次々に積層欠陥を積み重ねて導入すれば光学顕微鏡あるいは肉眼ででも観察できる双晶が形成される．この積層欠陥を次々に導入する操作は，双晶面より上の結晶を双晶面に沿って積層欠陥の相対変位ベクトルの方向に，せん断ひずみ量にして $|1/6\langle 112\rangle|/|1/3\langle 111\rangle| = \sqrt{2}/2$ だけせん断することに等しい．次々に導入した積層欠陥の変位ベクトルの方向を双晶のせん断方向とよぶ．双晶系もすべり系と同様に，双晶面とせん断方向を合わせて表示されるので，fcc 結晶の双晶系は $\{111\}\langle 112\rangle$ である．

$L1_0$ 構造の双晶もその基本構造である fcc 構造のそれと同様に考えればよいが，原子の規則配列があるため，双晶面の上下にある原子の位置のみならず種類まで鏡面関係になければ双晶とはいえないことに注意を要する．まず $L1_2$ 構造で行ったように，図 6.3（a）から出発して，$L1_0$ 構造の(111)面の積み重なりと原子配列を調べてみる．図 6.3（a）の fcc 単位胞の[001]を c 軸，c 軸に垂直な単位胞表面の原子を Y，その他の原子を X とすれば，XY 組成の $L1_0$ 単位胞ができる．単位胞内の A 原子面とその直上と直下の原子面の原子配列（図 6.11（a））から，$L1_0$ 構造の(111)原子面の積層は図 6.11（b）のようになることがわかる．$L1_0$ 構造にも $L1_2$ 構造と同じく APB，CSF，SISF が存在し，A 原子面と B 原子面の間で結晶がずれると考えれば，それぞれの相対変位ベクトルはたとえば図 6.11（b）のように与えられる．SISF は，規則配列に乱れのない，fcc 結晶の積層欠陥と同じ(111)面の積層不整のみの面欠陥であ

6.5 双晶と双晶境界

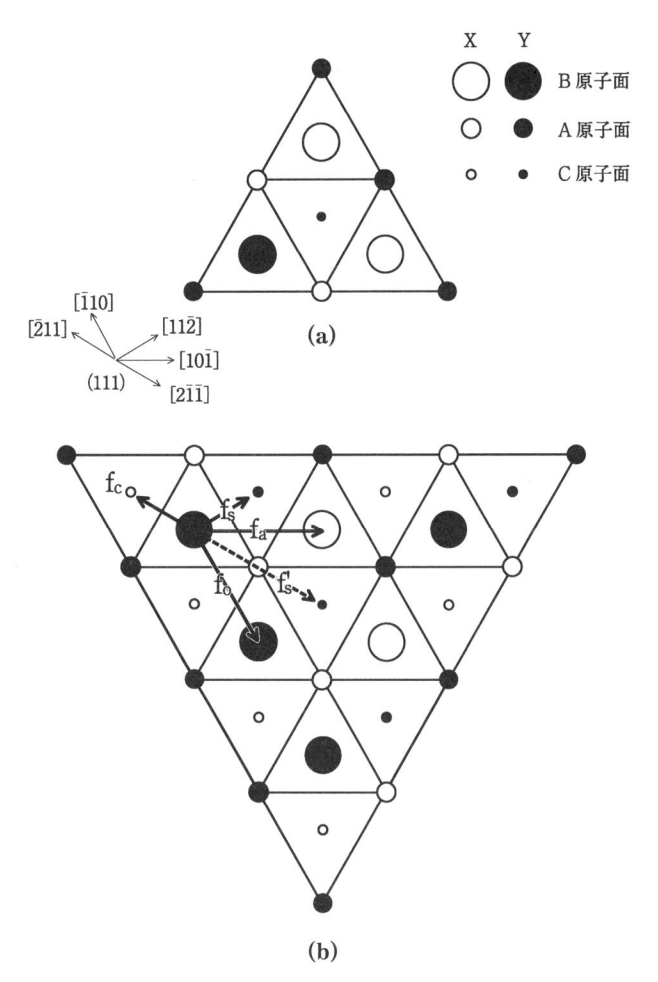

図 6.11 (a) L1$_0$ 構造（XY 組成）の(111)原子面の積み重なりと原子配列，(b)(111)面上の欠陥ベクトル．

るから，SISF を図 6.10 のように順次導入することによって双晶を形成できる．図 6.12(a) は 1 枚の SISF を，同図(b)は順次 3 枚の SISF を導入した場合の(111)原子面の積層と原子配列を示しているが，確かに原子の種類も含めて双晶が形成されることがわかる（このような双晶を true twin あるいは or-

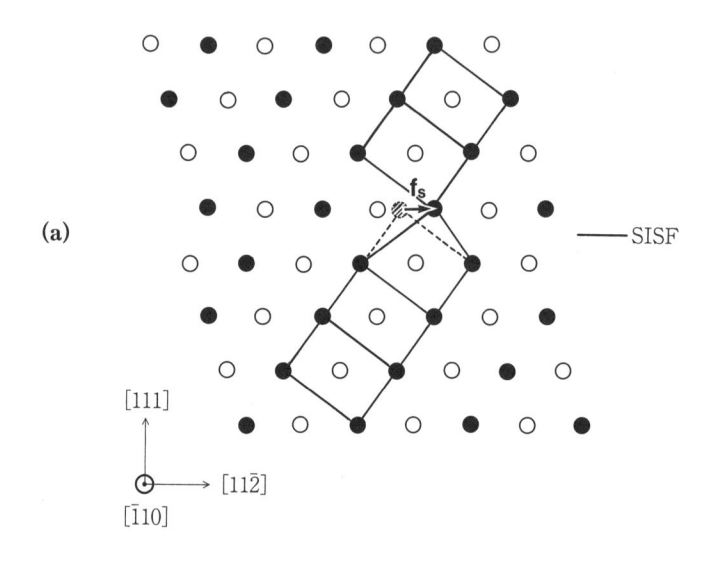

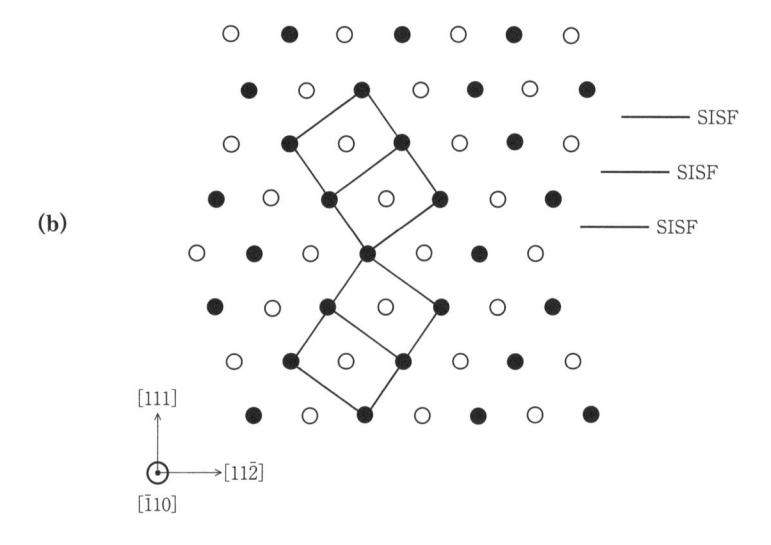

図 6.12 (a)(111)面に SISF を 1 枚導入,(b)(111)面に SISF を 3 枚導入. 白丸と黒丸はそれぞれ X 原子と Y 原子からなる原子列の位置を表し,方位はせん断されていない下側の結晶に付した.$[\bar{1}10]$ は視線の方向.(b)には双晶関係にある 2 つの単位胞を実線で示した.

dered twin とよぶことがある）．したがって，(111)[11$\bar{2}$]およびそれと同等な(1$\bar{1}$1)[1$\bar{1}\bar{2}$]，($\bar{1}\bar{1}$1)[$\bar{1}\bar{1}\bar{2}$]，($\bar{1}$11)[$\bar{1}$1$\bar{2}$]を含めた{111}⟨112⟩系（正方晶のMiller指数に関する付録6参照）はL1$_0$構造でも確かに双晶系である．

しかし，L1$_0$構造では1/6⟨112⟩と1/6⟨121⟩は等価ではなく，fcc結晶では双晶系として働く他の{111}⟨121⟩系は双晶系として働かない．たとえば(111)[$\bar{2}$11]系の双晶を図6.10のように形成しようとすれば，図6.11(b)からわかるように変位ベクトルf_CのCSFを次々に導入することになり，原子の種類まで鏡面関係にある双晶を作れない（原子位置にのみ鏡面対称性があるのでtrue twin に対して pseudo-twin とよぶことがある）．f_Sの2倍の大きさのf_S'(1/3[2$\bar{1}\bar{1}$])だけB原子面以上を相対変位させれば，SISFを形成できるが，双晶によるせん断ひずみが2倍になる．このような大きなせん断ひずみを要する双晶系では原子がいっせいに大きな変位を遂げなければならず，現実にはこのような双晶系が働くことはない[21]．L1$_2$構造にも活動できる双晶系は存在しないが，その理由はSISFの相対変位ベクトルの大きさを考えれば自明である．同様の理由によって立方晶のbcc系規則構造でもbcc金属・合金の双晶系{112}⟨111⟩は双晶系として働かない[21]．このように，金属間化合物ではその構造上の理由によって双晶系にも制約が生じ，その変形が基礎となる構造の金属・合金に比してより難しくなる方向に変化していく．

なお，TiAl基合金の変形の項（9.2.2(1)b）で，図6.11(b)のSISF以外の面欠陥とf_0について触れる．

7章

金属間化合物中の点欠陥と拡散

　力学的な特性に限らず，金属間化合物のさまざまな特性は異種原子が規則正しく配列してできる構造と密接に関連している．しかし，このような規則正しい原子配列は，化学量論組成でかつ絶対0度でのみ実現可能であって，温度が上昇すれば，あるいは化学量論組成からのずれがあれば，それに伴って点欠陥が形成される．格子欠陥を取り扱う大方の教科書では，転位や面欠陥の前にそれらより単純な点欠陥の説明から始まる．しかし，金属間化合物の場合，純金属・合金中の点欠陥に比較すれば，はるかに複雑であるうえ，その性質がいまだ十分に明らかにされていない．しかも金属間化合物の興味ある特性，特に力学特性に関する限り，転位や面欠陥の性質を基礎とする理解が進んでいる．本書で，点欠陥に先立って転位や面欠陥の説明を行ったのはこのような理由からである．ここでは，金属間化合物に特有の点欠陥，点欠陥による硬化ならびにこのような点欠陥が重要な役割を果たす拡散について述べる．

7.1 構造欠陥

　2種類の元素A，Bからなる図7.1のような化合物を考えれば，A原子，B原子にはそれぞれの占有サイトが存在するため，図に示すような6種類の点欠陥が存在し得る．V_A，V_BはそれぞれA，B元素の原子空孔，A_I，B_IはA，B元素の格子間原子，A_B，B_Aは本来のサイトとは異なるサイトにあるA，B原子である．A_B，B_Aのように不正なサイトにある原子をアンチサイト欠陥（antisite defect）あるいはアンチサイト原子（antisite atom）とよぶことが多い．強い放射線照射下のような特殊な環境を除けば格子間原子が形成されることは希で，一般には化合物の組成，温度に応じ，空孔とアンチサイト原子のうちエネルギーの得失上最も有利な欠陥種あるいは複数の欠陥種の組み合わせ

7.1 構造欠陥

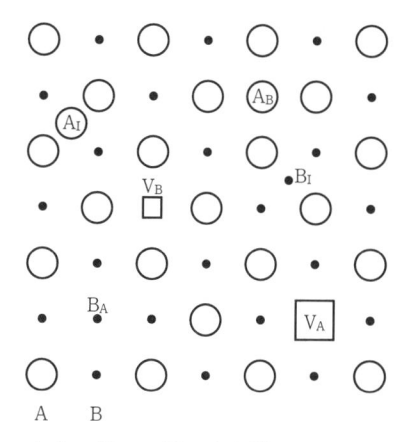

図7.1 AB化合物に存在し得る6種の点欠陥．V_A，V_B はそれぞれA，B元素の原子空孔，A_I，B_I はA，B元素の格子間原子，A_B，B_A は本来のサイトとは異なるサイトにあるA，B原子である．

が選択され現実に存在する．それでは金属間化合物にとってどのような欠陥あるいは欠陥の組み合わせが重要なのか，化学量論組成がABである化合物を例にとり伝統的な考え方[22]に沿って説明する．

絶対0度近傍では，熱的に生ずる点欠陥はなく，化学量論組成からのずれによって生ずる空孔あるいはアンチサイト原子だけになるはずである．欠陥の種類と量は化学量論組成からのずれの方向（A過剰かB過剰か）と量だけによって決まり温度には無関係で，このような点欠陥を構造欠陥（constitutional defect）とよんでいる．

構造欠陥がアンチサイト原子であれば，すなわちアンチサイト原子の形成が空孔形成よりエネルギー的に有利であれば，温度の上昇に伴って生ずる熱的欠陥もアンチサイトA原子とアンチサイトB原子であろうと考えられる．熱的なアンチサイト原子の数が極端に増加すれば異種原子の規則配列が維持されなくなるが，その量は融点直下でも通常の金属の熱平衡空孔量（原子濃度にして一般に0.1％に満たない）と同程度であろうと考えるのが常識的である．したがって有限温度で存在する主たる欠陥は，組成によって決まるアンチサイト原子となる．

構造欠陥として空孔が存在し得る場合の議論はやや複雑である．よくあるケースは，A原子サイトとB原子サイトで空孔の形成エネルギーが異なり，たとえばA原子サイトの空孔形成が容易でA不足組成ではA原子空孔が形成されるが，B原子が不足している組成では，B原子空孔よりB原子サイトを占めるアンチサイトA原子が形成されやすい場合である．このケースでは，A不足（B過剰）組成の構造欠陥はA原子空孔，B不足（A過剰）組成のそれはアンチサイトA原子である．このような化学量論組成の両側で空孔形成の非対称性が観測される金属間化合物として，B2構造のNiAl，CoAl，FeAlが知られている（遷移金属がA原子，Al原子がB原子に対応）．なかでもNiAlがその典型である．

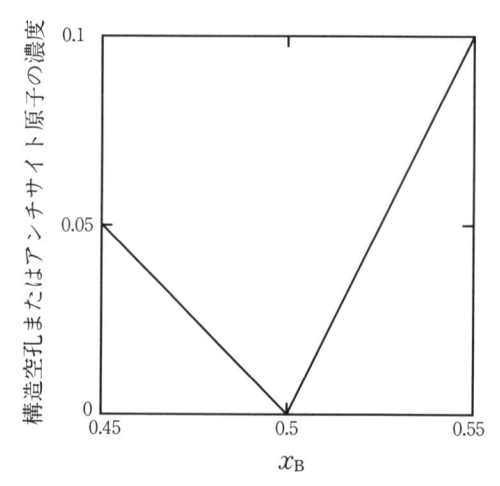

図7.2 AB化合物中の構造空孔とアンチサイト原子の濃度．

NiAlのようなB2型AB化合物の場合，構造欠陥であるA原子空孔とアンチサイトA原子の濃度 c はそれぞれ以下のように表され，化学量論組成の両側で図7.2のように組成に依存するはずである．

$A_xB_{1-x}(x>0.5)$ 中のアンチサイトA原子濃度　$c = x - 0.5 = 0.5 - x_B$ 　(7.1)

$A_xB_{1-x}(x<0.5)$ 中のA原子空孔濃度　　　　　$c = 1 - 2x = 2x_B - 1$ 　(7.2)

x_B はAl原子濃度で $x_B = 1 - x$ である．上記の関係は，結晶中のA，B両原子

7.1 構造欠陥

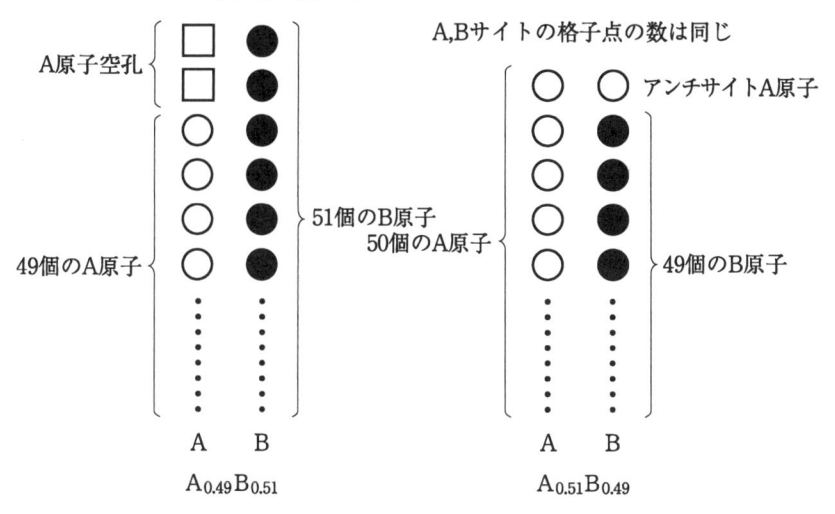

図 7.3 $A_{0.49}B_{0.51}$, $A_{0.51}B_{0.49}$ 組成の化合物中の構造欠陥.

サイトの数は常に等しくなければならないことから容易に導けるが，図 7.3 に $A_{0.51}B_{0.49}$, $A_{0.49}B_{0.51}$ 組成を例にとって上式の意味を図示してある．注目すべきは構造欠陥としての空孔が％オーダーの高濃度で存在し得ることである．B2 型化合物を構成する A, B 原子の原子濃度，原子量を x_A, x_B, m_A, m_B, X 線回折から求まる化合物の格子定数を a，アボガドロ数を N_A とすれば，B2 構造の単位胞の体積 a^3 に 2 個原子が含まれているので，空孔を含まない場合の密度 ρ_X は

$$\rho_X = 2(x_A m_A + x_B m_B)/N_A/a^3 \qquad (7.3)$$

空孔を含む試料の実測密度を ρ，ユニットセルに含まれる原子数を $N(N \leq 2)$ とすれば

$$\rho = N(x_A m_A + x_B m_B)/N_A/a^3$$

空孔濃度 c は

$$c = (2-N)/2 = (\rho_X - \rho)/\rho_X \qquad (7.4)$$

で求められる．図 7.4 は異なる Al 濃度の NiAl 化合物を高温から徐々に冷却し，室温にて密度測定を行って空孔濃度を求めた結果である．空孔形成の非対

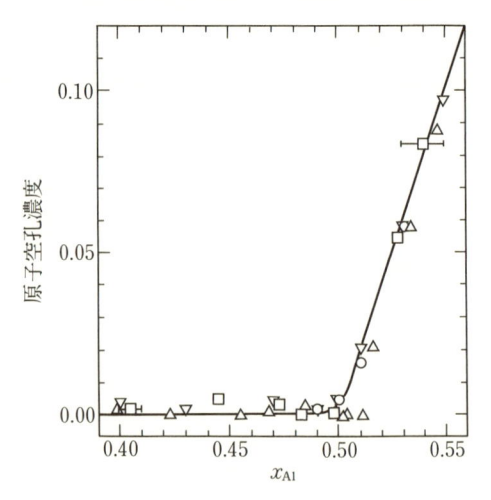

図 7.4 異なる Al 濃度の NiAl 化合物を高温から徐々に冷却し，室温で密度測定を行って空孔濃度を求めた結果．図中の異なるシンボルは異なる研究グループの結果である[22]．

称性と空孔濃度がほぼ(7.2)式によって与えられることを示している[22]．

構造欠陥として原子空孔が形成される化合物では，温度の上昇と共に生ずる熱平衡欠陥も空孔である．空孔を1個作るには，結晶中の原子を1個取り出し結晶の表面につける操作が必要である．結晶表面を含め結晶中の A，B 両サイトを同数に保つためには，図 7.5 のように A 原子空孔と共に B 原子空孔も形成されねばならない．しかし，空孔形成の非対称性から B 原子空孔は安定に存在し得ず，直ちに B 原子空孔への A 原子のジャンプがおこりアンチサイト A 原子が生成する．ジャンプした A 原子のサイトは A 原子空孔となるため，2個の A 原子空孔と1個のアンチサイト A 原子からなる複合欠陥（triple defect，TRD と略称される）が熱的に形成されることになる（図 7.5）．このように TRD としてなら，空孔形成の非対称性があっても化合物の化学組成を変えることなく原子空孔を導入することができる．したがって，NiAl のような金属間化合物の熱平衡空孔は TRD として形成されていると考えるのが自然である．ただし，熱的に形成される TRD の量は組成のずれによって生ずる構造欠陥の量に比してかなり小さいと考えるのが常識的である．したがって，

7.1 構造欠陥

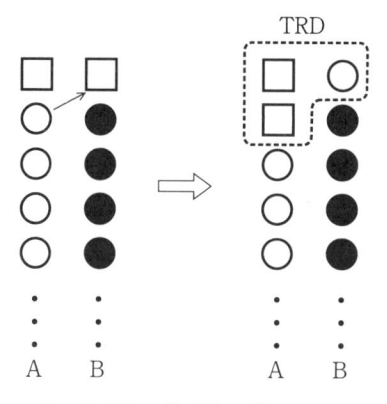

A,Bサイトの格子点の数は同じ

図 7.5 AB 化合物中の TRD．

NiAl のような空孔形成の非対称性が強い化合物では，図 7.4 の結果が示すように温度が上昇しても主として存在する点欠陥は，B 原子過剰組成では A 原子空孔，A 原子過剰組成ではアンチサイト A 原子である．

ここでは，主として B2 型金属間化合物の構造欠陥について，伝統的な考え方[22]に沿って説明したが，近年の研究によれば実際の欠陥構造ははるかに複雑で，たとえば Al 過剰の NiAl 化合物にも少量ではあるがアンチサイト Al 原子と Al 原子空孔が認められている．Bragg-Williams 近似を用いた欠陥構造のシミュレーションや精密な欠陥濃度の測定が行われ大枠としての傾向に替わりはないが，B2 型金属間化合物の構造欠陥に関する新しい考え方も提案されている．参考文献[23]を参照されることを薦めたい．

なお，原子濃度にして％オーダーで導入される構造的原子空孔は NiAl，CoAl，FeAl にむしろ特異的に認められるもので，同じ B2 構造に結晶する金属間化合物でも，AuCd，AgMg，FeCo ではアンチサイト原子が構造欠陥となる．また fcc 構造を基礎とする $L1_0$，$L1_2$ 構造に結晶する金属間化合物の場合にも構造空孔は形成されず，熱平衡空孔濃度はふつうの金属・合金とほぼ同程度である．非化学量論組成のこれらの化合物にはアンチサイト原子が形成される．結晶強度の立場から見れば，低温では構造欠陥は合金中の溶質原子と同

様に振る舞い化合物の固溶強化をもたらす．図7.6はB2型化合物の化学量論組成の両側に認められるこのような固溶強化を示している[15]．なお，金属間化合物の高温異常強化現象を考える8.2節で，原子空孔と強度の関係について再び議論する．

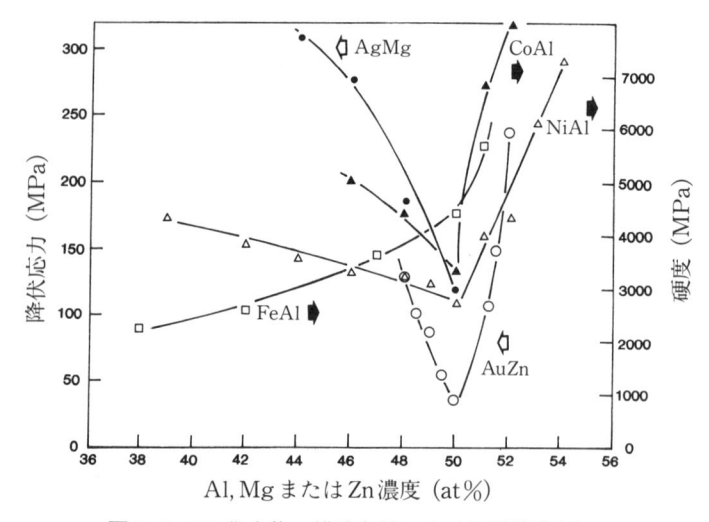

図7.6 B2化合物の構造欠陥による固溶強化[15]．

7.2 拡　　散

$0.5 T_m$（T_mは絶対温度で表した融点）以上の温度域で保持すれば金属間化合物中にも組織変化が起こる．したがって，この温度域では原子拡散が起こることは確実である．高温材料は高温で負荷のかかる環境で用いられ，このような環境下でおこる材料の変形と原子拡散は深く関わりあっている．したがって，高温材料として金属間化合物を考えるとき，その拡散現象の理解が重要である．しかし，金属・合金中の拡散現象の理解に比して，金属間化合物のそれに対する理解は未だ十分ではない．むしろ実験上の困難さ故に不明の部分の方が多いといっても過言ではない．ここでは，最も典型的なB2，$L1_2$および

L1$_0$ 構造に結晶する金属間化合物中の拡散とその機構について基本的な事項に絞って説明する．

7.2.1 B2型金属間化合物

拡散が盛んになる温度（融点の 70〜80％）に純金属や合金を保持すれば，構成元素のランダムな運動がおこる．このような自己拡散は原子空孔のランダムな運動によっておこると考えられている．したがって，拡散係数 D は

$$D = D_0 \exp(-E_D/kT) \tag{7.5}$$

で表され，自己拡散の活性化エネルギー E_D は原子空孔の形成エネルギーと移動エネルギーの和になる．D_0 は定数である．しかし，もし金属間化合物のように異種原子が規則正しく配列した結晶中で原子空孔のランダムな運動がおこれば，原子の規則配列を維持できなくなる．規則合金はその規則-不規則変態温度まで，融点まで安定な金属間化合物ならその融点まで，それぞれの規則構造が保たれていることを考えれば，金属間化合物中の自己拡散はその原子の規則配列を乱さないメカニズムによっておこっているはずである．

異種原子の規則配列を乱さずにおこる自己拡散のメカニズムとして，いくつかの機構が知られている．B2型化合物に対するそれでは6サイクル空孔ジャンプモデルが最もよく知られている．このモデルによれば，図7.7(a)のように A 原子空孔が図の番号通りに 6 回ジャンプすることによって，1サイクル

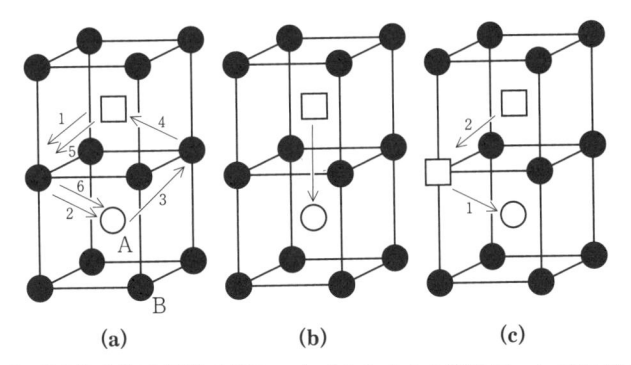

図7.7 B2化合物の拡散モデル．（a）6サイクル空孔ジャンプモデル，（b）第2近接直接ジャンプモデル，（c）TRDモデル．

の途中で形成されるA, Bアンチサイト原子をすべてサイクル終了前に正規位置に戻し，結果的にA原子空孔とその第2近接位置にあるA原子が直接位置交換した状態を実現する．このように6回のジャンプを要するのは，原子空孔のジャンプを周囲の第1近接位置へのみ可能であると限定したためである．もし図7.7(b)のように，第2近接位置への直接ジャンプが可能であれば，1回のジャンプで同じことがおこり得る．もう1つ考えられるメカニズムは，前節で述べた複合欠陥TRDを介するものである．図7.7(c)にはA原子空孔とB原子空孔が最近接位置にある場合を描いてある．このB原子空孔が1のジャンプをすれば2個のA原子空孔と1個のアンチサイトA原子からなるTRDが形成され，さらに上のユニットセル内のA原子空孔が2のジャンプをすれば，はじめの原子空孔対の位置が変わりA原子が下のユニットセルからTRDの形成を介して上のユニットセルへ移動したことになる．

このような自己拡散のメカニズムを直接実験によって検証することは不可能であるが，実験によってA, B原子の拡散係数の比D_A/D_B求め，理論的に計算されているD_A/D_Bと比較することによって自己拡散のメカニズムをある程度推測することができる．6サイクル空孔ジャンプモデル，TRDモデルに対するD_A/D_Bの理論値はそれぞれ0.5～2，1/13.3～13.3の範囲にあり，図7.7(b)の第2近接ジャンプモデルの場合にはD_A/D_Bはどのような値をも取り得る[24]．自己拡散係数の直接的な測定にはトレーサーとして放射性同位元素が用いられ，表7.1のような金属間化合物について各構成元素の自己拡散係数が測定されている[24]．D, D_0, E_Dの値は参考文献[25]に収録されているが，B2型化合物の場合，D_0とE_Dの値を次式のようにまとめることができると報告されている[25]．

$$E_D = 0.13\, T_m \pm 20\% \text{ kJ/mol}, \quad D_0 = (0.1 \sim 10) \times 10^{-4} \text{ m}^2/\text{s} \tag{7.6}$$

T_mは絶対温度で表した融点である．実用的に重要なNi_3Al, NiAl, FeAl, Fe_3AlのAlの拡散係数の測定が行われていないのは，残念ながら実験に適した放射性同位元素が存在しないためである．CuZn, AgMg, AuCdの拡散係数の比の値は6サイクル空孔ジャンプモデルの範囲にあり，CoGaやNiAlのような高融点まで安定な規則化エネルギーの高い化合物ではその範囲を越えた

7.2 拡　　散

表7.1　拡散係数が測定されている金属間化合物[24].

結晶構造	金属間化合物（下線が測定元素）			
B2	Cu̲Zn	Au̲Cd	Au̲Zn	Co̲Ga
	Pd̲In	Fe̲Co	Ni̲Al	Fe̲Al
	Ag̲Mg	Ni̲Ga		
L1$_2$	Ni̲$_3$Al	Co̲$_3$Ti	Ni̲$_3$Ge	Ni̲$_3$Ga
	Pt̲$_3$Mn			
D0$_3$	Fe̲$_3$Si(Ge)*	Cu̲$_3$Sn	Cu̲$_3$Sb	Ni̲$_3$Sb
	Fe̲$_3$Al			
L1$_0$	Ti̲Al			
D0$_{19}$	Ti̲$_3$Al			
Laves相	Co̲$_2$Nb	Zn̲Mg	Fe̲$_2$Ti	

* Siの代わりに同族元素Geを用いた測定.

値が得られている．NiAl中のAlの拡散係数を測定できないが，Alと同属でAlを置換するInの拡散係数が求められており，$D_{Ni}/D_{In}=6$，D_{Co}/D_{Ga} も6程度である[24]．したがってCoGaやNiAlではTRDモデルあるいは原子空孔の第2近接ジャンプモデルによる拡散がおこっている可能性がある．

7.2.2　L1$_2$型金属間化合物

L1$_2$型金属間化合物のうち，両構成元素の拡散係数が測定されているのはNi$_3$GeとNi$_3$Gaのみで，$T=0.85T_m$における拡散係数の比は $D_{Ga}/D_{Ni}=0.4$〜0.8，$D_{Ge}/D_{Ni}=0.007$ である[24]．両構成元素の拡散係数の比の値は化合物によって異なるが，一般にL1$_2$型金属間化合物A$_3$BのD_B/D_Aの値は1より小さくなる．すなわち，主たる構成元素Aは少数元素であるBより早く拡散するのである．L1$_2$構造の単位胞（図4.2(a)）から，A原子の周りの最近接原子配列とB原子の周りの最近接原子配列を描けば図7.8のようになる．この図から明らかなように，A原子の周りには8個の最近接A原子が存在するので（図7.8(a)），A原子空孔がこの最近接A原子のネットワーク上を最近接ジャンプを繰り返して移動すればA原子は原子の規則配列を乱すことなく拡散することができる．一方，B原子の周りの最近接原子は全てA原子であるため（図7.8(b)），B原子の最近接ジャンプはすべてアンチサイトB原子を形

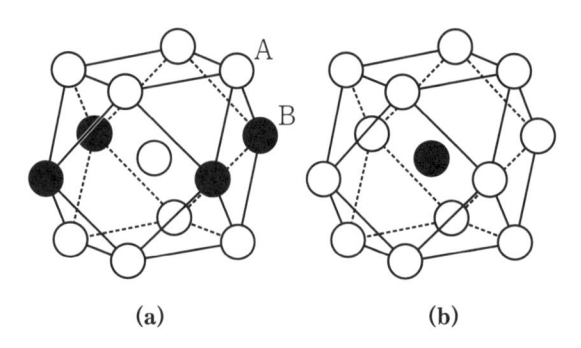

図7.8 L1$_2$型構造のA$_3$B化合物．(a)A原子の周りの最近接原子配列，(b)B原子の周りの最近接原子配列．

成することになり必ず規則配列の乱れを伴う．このことがA，B原子の拡散係数すなわち拡散速度の違いをもたらす原因である．拡散が顕著になる温度では，融点まで安定な化合物であっても多少のアンチサイトB原子が存在し，これらのアンチサイトB原子があたかも不純物原子のようにA原子空孔を介して最近接A原子のネットワーク上を拡散することによってB原子の拡散がおこると考えられている[26]．このような不純物型B原子拡散を支配する要因，たとえばアンチサイトB原子の形成エネルギーの大きさなど，が化合物によってさまざまに変わることによって化合物ごとにD_B/D_Aの値が大きく変化する．

なお，L1$_2$型化合物の中で最も実用的に重要なNi$_3$AlのAlの自己拡散係数は測定されていない．しかし，D_{Al}/D_{Ni}の値は0.2〜0.4の範囲にあると推定されている（推定の方法は参考文献[26]参照）．いくつかのL1$_2$化合物のD_0，E_Dの値が参考文献[25]に収録されている．

7.2.3　L1$_0$型金属間化合物

L1$_0$型金属間化合物の中で実用的に重要なTiAl中のTiの自己拡散係数が実測されている．L1$_0$構造（図4.2(b)）は正方晶であるから[001]方向と底面上の[100]および[010]方向の拡散係数が異なるはずである．しかも，同種原子で構成される(001)面上の拡散であればアンチサイト原子を形成することな

く拡散が可能であるから，(001)面上の拡散はアンチサイト原子の形成を要する[001]方向の拡散より容易なはずである．TiAl 中の Ti の自己拡散係数の実測によれば，確かに後者の拡散係数は前者のそれの 1/10 程度である．多結晶 TiAl 中の Ti の自己拡散係数は両者のほぼ中間の値となることがわかっている（実測値は参考文献[27]参照）．TiAl 基合金の耐熱温度のほぼ上限である 880℃で，αTi の自己拡散係数と TiAl 中の拡散容易面である(001)面上の Ti の自己拡散係数を比較すると，前者は後者のほぼ 20 倍である．このことからも金属間化合物を形成することによって，構成元素の拡散が遅くなり，高温での組成や組織の安定性が増すことがわかる．

8章

金属間化合物の特異な強さ —温度上昇と共に強さも増加する現象—

8.1 Ni_3Al に代表される $L1_2$ 型金属間化合物

8.1.1 強さの温度依存性

図 8.1 は Ni_3Al ならびに類似の $L1_2$ 化合物多結晶の 0.2%耐力（0.2%塑性ひずみに対する変形応力，大まかに降伏応力と考えてよい）を温度に対してプロットしたものである[15,76]．通常の金属・合金であれば，温度の上昇と共に降伏応力が低下するはずであるが，Ni_3Al の場合 600°C を越える温度まで温度上

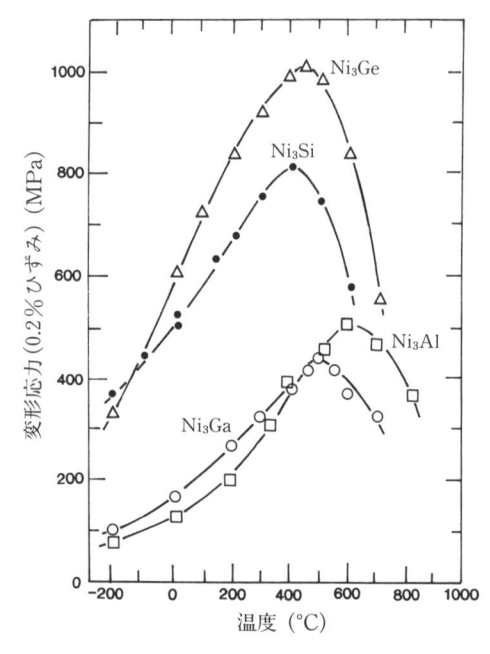

図 8.1 $L1_2$ 化合物の強度の逆温度依存性[15,76]．

昇とともに降伏応力が増加している．この特異な現象を，強度の温度依存性が金属・合金のそれとは逆であるという意味で強度の逆温度依存性とよぶことが多い．1.2節でも述べたように，Ni$_3$Al相は現在広く用いられている最強の耐熱材料であるNi基スーパーアロイの強化相として重要な金属間化合物であるから，その化合物が示す図8.1のような強度の異常増加はその用途上極めて興味深いものであり，1957年にWestbrookによって発見[28]されて以来多くの理論的，実験的研究がなされている．当時Ni基スーパーアロイの高温強度を引き上げ耐熱性の向上を図る研究が盛んに行われていたが，Westbrookは，Ni$_3$Al相や炭化物相などNi基スーパーアロイの構成相を電解分離等によって分離し，構成相それぞれの硬度を温度の関数として測定する中で，Ni$_3$Al相の硬度が温度上昇と共に上昇することを発見したのである．

8.1.2 強さの逆温度依存性をもたらすメカニズム

6.2.2項で述べたように，L1$_2$構造に結晶するNi$_3$Alのすべりは{111}面上で〈110〉方向に沿っておこり，すべりを担う完全転位のバーガースベクトルは〈110〉である．しかし，この〈110〉転位はAPBを挟んで2本の1/2〈110〉規則格子部分転位に分解し，1/2〈110〉部分転位はさらにCSFを挟む2本の1/6〈112〉部分転位に分解する．しかし，CSFのエネルギーはAPBエネルギーに比して大きいので，CSFの幅はAPBの幅に比してずっと狭い（6.2.2項）．参考のため，CSFを含む分解を無視して，〈110〉らせん転位がAPBを挟む2本の規則格子部分転位に分解する場合の間隔を計算してみる．APBエネルギーをγ，分解幅をr，1/2〈110〉部分転位のバーガースベクトルをbとすれば，rは次式で与えられる（付録5）．

$$r = \mu b^2 / 2\pi \gamma \tag{8.1}$$

文献より$\gamma = 180 \, \text{mJ/m}^2$[17]，$b = a\sqrt{2}/2$（$a$はNi$_3$Alの格子定数，$a = 0.3566$ nm），$\mu = 77.3 \, \text{GPa}$[7]であるから，分解幅rは約4.35 nmとなり，1/2〈110〉部分転位のバーガースベクトルの大きさの約17倍である．このように分解幅はかなり小さいが，実際にこのような分解がおこっていることが電子顕微鏡によって確認されている．

すべり面上を運動し塑性変形を担うためには，1/2⟨110⟩転位対はすべり面上になければならないが，転位対の間にある APB にとってすべり面はエネルギー的に有利な面ではない．(111)[$\bar{1}$01]すべりを担う[$\bar{1}$01]らせん転位が 2 本の 1/2[$\bar{1}$01]規則格子部分転位に分解し(111)面上を運動している場合を考えよう．(6.4)式で説明したように，APB エネルギーは{001}面でもっとも低くなるので，熱的な助けがあれば，交差すべりが可能ならせん方位にある転位線の一部が図 8.2(a)のように交差すべりし，交差すべりした転位の背後に(010)面上の APB を形成しようとする．(6.4)式によるこの APB のエネルギーは 0 であったが，第 2 近接距離まで原子間相互作用を考え 6.1 節の例にならって計算すれば，

$$\gamma_{(010)} = -(W_{AA} + W_{BB} - 2W_{AB})/a^2 \tag{8.2}$$

となる[15,16]．W_{ij} は i-j 原子間の第 2 近接相互作用エネルギーである．γ が負であれば，このような APB を形成することによって結晶のエネルギーが低下し，(010)面上にどんどん APB が形成され，L1$_2$ 構造が安定に保たれ得ない．したがって，L1$_2$ 構造における第 2 近接距離の規則化エネルギーは負で $\gamma_{(010)}$ は正である．その大きさは第 1 近接距離の相互作用が関与しない分，$\gamma_{(111)}$ よりかなり小さい．たとえば Ni$_3$Al の場合 $\gamma_{(111)}$ の 180 mJ/m^2 に対する $\gamma_{(010)}$ の

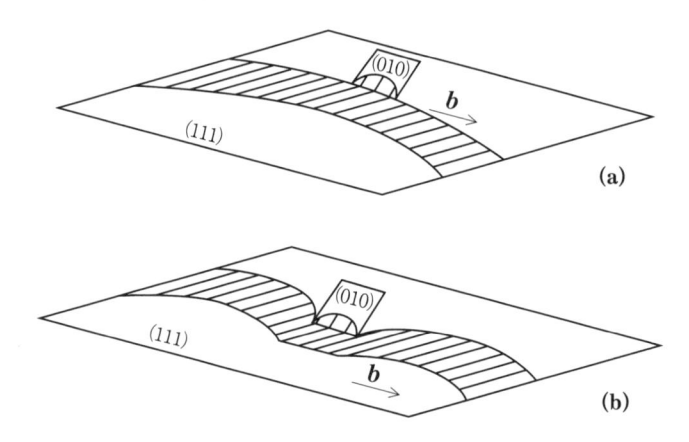

図 8.2 Kear-Wilsdorf 機構．(a)(010)面への交差すべり，(b)交差すべりした部分が転位全体の(111)面上のすべり運動の抵抗になる．

値として 140 mJ/m² が報告されている[16]．

しかし，L1₂ 構造は fcc 構造を基礎とする構造であるから，(010)面は本来のすべり面ではない．したがって，(010)面上を転位が運動するためには大きな応力を要し，転位の一部が熱的に(010)面上に交差すべりしたとしてもその転位が(010)面上をそのまま運動し続けることはない．しかし，交差すべりによってエネルギーを下げ得ることは，交差すべりを誘発する駆動力として働くため，温度上昇と共に交差すべりの頻度が上昇する．交差すべりがおこっても転位全体は図 8.2(b)のように依然として(111)面上を運動するため，交差すべりをおこした部分は転位全体の運動の障害となり，温度上昇と共にこのような障害が増加することにより変形応力が上昇する．これが図 8.1 のような強度の逆温度依存性をもたらす原因である．このように APB エネルギーの異方性とそれによって誘発される局部的な交差すべりによる強化のメカニズムを Kear-Wilsdorf 機構[29] とよんでいる．

次に Kear-Wilsdorf 機構による強化に対する理解を深めるため，この機構による強化が荷重軸の結晶方位に依存することについて簡単に説明する．図

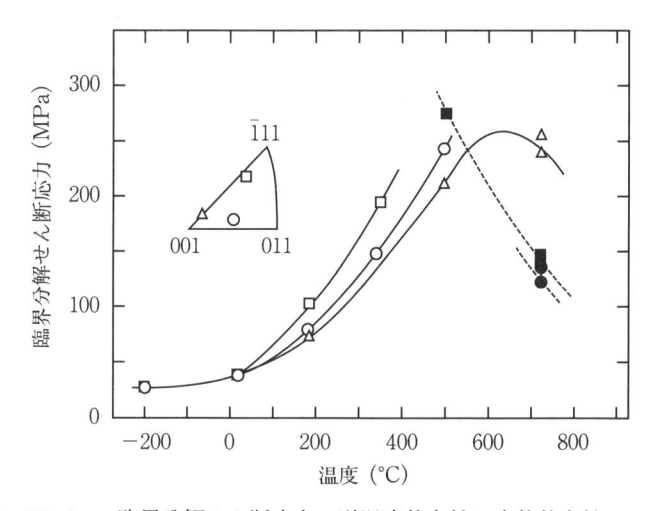

図 8.3 Ni₃Ga の臨界分解せん断応力の逆温度依存性と方位依存性[30]．
白マークは(111)面すべり，黒マークは(010)または(001)面すべりに対する値．

8.3 は，3 つの異なる結晶方位の Ni_3Ga 単結晶を温度を変えて圧縮試験した結果を示している[30]．縦軸の値は降伏応力を $(111)[\bar{1}01]$ すべり系に分解したせん断応力（臨界分解せん断応力）である．ここでまず注目すべきは，塑性変形が始まるために必要な最低のすべり面上の分解せん断応力が方位によって異なること，すなわち Schmid 則が成り立っていないことである．このことは強度の逆温度依存性を示す Ni_3Al ならびに類似の $L1_2$ 型化合物に共通して認められる重要な特徴であって，Kear-Wilsdorf 機構による強化が荷重軸の方位に依存することを示している．このような結晶方位依存性は，(010)面上に(010)面への交差すべりを助長するようなせん断応力が働いていれば，この応力によって交差すべりの熱的活性化がより容易になることから生じている．図の3方位について交差すべり系である $(010)[\bar{1}01]$ 系の Schmid 因子と主すべり系である $(111)[\bar{1}01]$ 系のそれの比を求めると，△，○，□印の方位それぞれについて 0.21，0.56，0.89 となる．□印の方位の試料の強度が，他の2方位より低温から上昇し始めているのは，(010)面上のせん断応力によって Kear-Wilsdorf 機構がより働きやすくなっているからであり，逆にこのような方位依存性が認められることが Kear-Wilsdorf 機構が働いていることを示す実験的証拠にもなっている．

異常強化にピークが生ずるのは，それ以上の温度になれば本来のすべり面ではない $\{100\}$ 面を転位が熱的に運動できるようになり，$\{100\}\langle110\rangle$ 系のすべりが変形を担えるようになるからである．事実図 8.3 の[001]近傍の方位以外のそれぞれの方位にはピーク温度以上で $\{100\}\langle110\rangle$ 系すべりが観察され，その臨界分解せん断応力は温度上昇と共に低下している．[001]近傍の方位では $\{100\}\langle110\rangle$ 系にせん断応力が働かないので，Kear-Wilsdorf 機構がより高温まで機能し，他の方位に比べ異常強化のピークがより高温側に現れる．ピーク後もすべりは $\{111\}$ 面上でおこるが，図 8.2(b)の障害を熱的に乗り越える機構が働き $\{111\}$ 面すべりの臨界分解せん断応力が低下すると考えられている．

なお Kear-Wilsdorf 機構による強度の逆温度依存性や結晶方位依存性を定量的に表すにはかなり複雑な転位論に基づく計算を要する．ここでは参考文献[17,30,31]を挙げるに留める．

8.2 多量に生成する空孔による強化と軟化

金属間化合物の強度の逆温度依存性を説明する機構として,前節で述べた Kear-Wilsdorf 機構が最もよく知られているが,それは実用的に非常に重要な Ni_3Al がこの機構に従って異常強度を示すためで,金属間化合物に強度の逆温度依存性をもたらす他の機構も知られている。その1つは,多量に生成する原子空孔による強化機構で,B2 型化合物の1つである FeAl に典型的に認められている[32]。

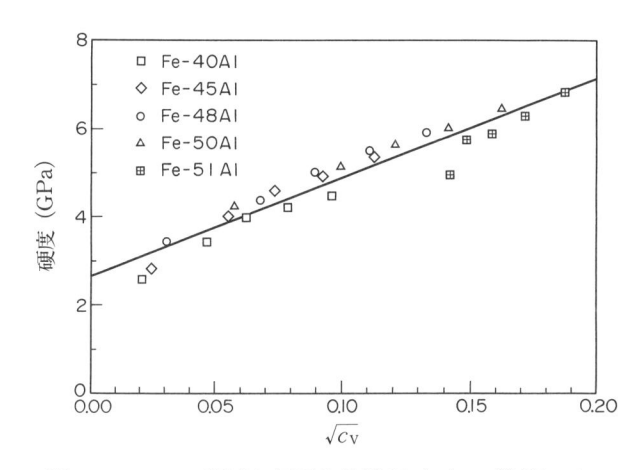

図 8.4 FeAl の硬度と原子空孔濃度 (c_V) の関係[32,75]。

室温近傍では,原子空孔は合金中の溶質原子と同様に転位と相互作用し合金の強化に寄与する。溶質原子と転位の相互作用による強化機構としてよく知られている Fleischer のモデルによれば,濃度 c の溶質原子を含む希薄合金の降伏応力は

$$\tau = (F_{max}^{3/2}/b)(c/\mu)^{1/2} \tag{8.3}$$

で与えられる[33]。ここで F_{max} は転位と溶質原子の相互作用力の最大値,b は転位のバーガースベクトル,μ は合金の剛性率である。この式の最も重要なところは,合金強度が $\sqrt{c}$ に比例することを示したことで,溶質原子のみならず

原子空孔，中性子照射によって生じた欠陥等を含む金属に広く当てはまる．図8.4 は Fe-40 at%Al から Fe-51 at%Al の範囲にある5種類の FeAl 化合物の原子空孔濃度を高温からの焼入れを含む熱処理によって変え，室温でその硬度を測定した結果を示している．化合物中に存在する大量の原子空孔が確かに(8.3)式にしたがって結晶を硬化させていることがわかる[32,75]．

一方，高温では，多量に存在する原子空孔は転位の上昇運動を促進して変形応力の低下に寄与する．たとえば，転位のすべりと上昇運動によっておこる高温変形の変形応力は次式のように与えられる[34]．

$$\tau = \mu \{ kT\dot{\gamma}/BD \}^{1/m} \tag{8.4}$$

$$D = D_0 \exp(-E_D/kT) \tag{8.5}$$

ここに，μ は剛性率，γ と $\dot{\gamma}$ はひずみとひずみ速度，B と m は物質定数，D は拡散定数，D_0 は定数，E_D は拡散の活性化エネルギーである．強度の温度依存性は(8.3)，(8.4)式の温度依存性によって決まる．(8.3)式の温度依存性は，次式によって与えられる温度 T における原子空孔の平衡濃度

$$c = c_0 \exp(-E_F/kT) \tag{8.6}$$

を(8.3)式に代入することによって求められる．c_0 は定数，E_F は原子空孔形成エネルギーである．FeAl の原子空孔形成エネルギー E_F は 95 kJ/mol 程度，その移動エネルギー E_M は 165 kJ/mol 程度で[34]，(8.3)式の応力は E_F が小さいため比較的低温から立ち上がり温度軸に対して右肩上がり，拡散係数 D を含む(8.4)式の応力は右肩下がりであるが $E_D = E_F + E_M$ が大きいため比較的高温になって(8.3)式の応力と等しくなる．この両者の応力が等しくなる 500℃ 近傍（T_p）を中心に図 8.5 のような降伏応力のピークが現れる．室温以下で認められる降伏応力の急上昇は bcc 金属・合金の特色で B2 型化合物である FeAl にもその特色が引き継がれている．この低温域の変形機構も(8.4)式と同じくひずみ速度に敏感で，ひずみ速度が大きくなれば降伏応力は図の矢印のように変化する．一方，(8.3)式の応力はひずみ速度にほとんど依存しないため，ひずみ速度によって変形応力と温度の関係は複雑に変化する．FeAl の降伏応力のピークはこのような材料特性の微妙なバランスの上に立って出現する現象であるため，変形条件によってピークが明瞭に現れない場合もある．原子

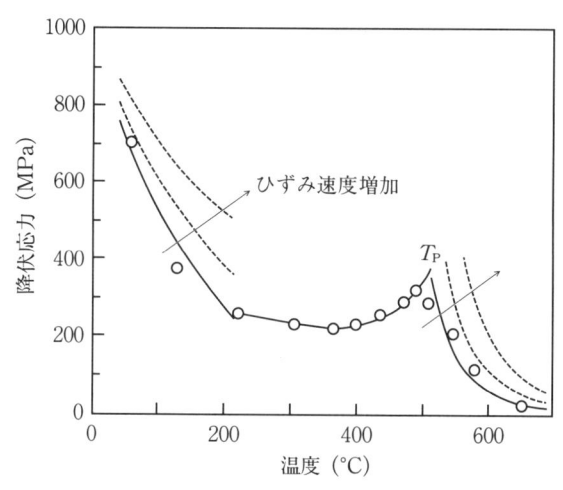

8.2 多量に生成する空孔による強化と軟化

図 8.5 FeAl の降伏応力の温度依存性[34].

　空孔が大量に生成し，かつ $E_M > E_F$ であるため，原子空孔が簡単には移動消滅できない NiAl や CoAl にも変形条件によっては変形応力のピークが認められる可能性がある．事実，報告されている硬度-温度曲線にはピークらしい異常が認められるものもある[35]．多くの純金属や Ni_3Al では $E_M < E_F$ である[36]．

　金属間化合物の実用例の 1 つとして FeAl の薄板への加工について述べるが（12 章），普通の金属・合金の場合のように圧延途中で不用意に焼鈍・冷却すると，かえって多量の原子空孔をため込んでしまい硬化して圧延できなくなることがある．原子空孔が容易に形成されるが容易には結晶から排出されないこと，試料の加熱温度とその後の冷却速度など熱履歴に敏感に依存して異常強化が現れること等，FeAl の特性を正しく理解して中間焼鈍を繰り返したことが，常温で FeAl を薄板にまで圧延できた理由である．FeAl と同じく B2 型化合物である CoTi にも異常強化が認められている[37]．FeAl と同じメカニズムによる異常強化である可能性があるが詳しい研究は未だ行われていない．

8.3 規則-不規則変態が関与する異常強化機構

図 8.6 は約 400°C に規則-不規則変態点を持つ Cu_3Au の変態点近傍に現れる異常強化現象を示している[38]. 4 種の異なった結晶方位について降伏応力を測定し, 主すべり系 ($\{111\}\langle 110\rangle$ 系) に分解して得られる分解せん断応力を温度に対してプロットしているが, Ni_3Al で認められた結晶方位依存性は認められない. 同様の異常強化現象が約 950°C に規則-不規則変態点を持つ $(FeCo)_3V$ にも認められている[15]. このような $L1_2$ 型化合物の規則-不規則変態点近傍では規則相と不規則相が共存するので (図 3.1(a)), 微細に分散する不規則領域が転位と相互作用し, 一種の固溶強化をもたらすと考えられている. たとえば図 8.6 の場合, $\Delta\tau(=\tau-\tau_{-73°C}, \tau$ は臨界分解せん断応力) が不規則原子対の濃度の平方根にほぼ比例する. すなわち, 規則-不規則変態点に近づくにつれて増加する不規則原子対が, あたかも溶質原子あるいは FeAl 中の原子空孔と同様に転位と相互作用し図 8.6 のような異常強化をもたらしている.

この他, bcc 構造を基礎とする $CuZn(B2)$, $FeCo(B2)$, $Fe_3Al(D0_3)$, Fe_3

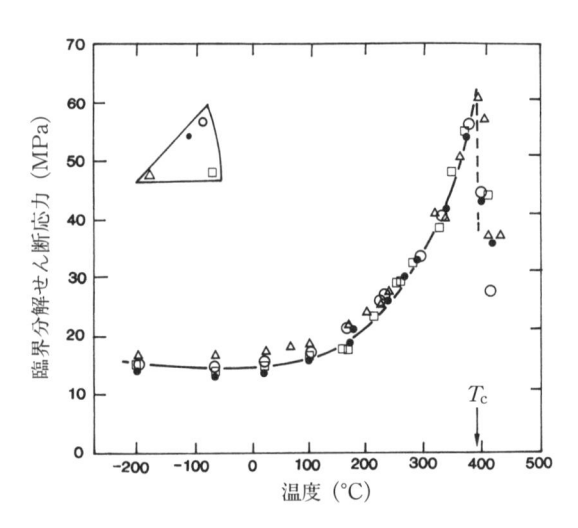

図 8.6 Cu_3Au の臨界分解せん断応力の温度依存性[38].

(Al, Si)($D0_3$)にも異常強化現象が認められている[15]．しかしこれら bcc 構造を基礎とする規則合金の場合，転位の分解状態，転位の交差すべり，すべり系の変化，原子空孔の寄与，規則-不規則変態の寄与等が関与した複合的なメカニズムによって異常強化が現れ，すでに述べた化合物の場合のような明快なイメージを持ってその異常強化を説明することは困難である．これらの化合物のなかでは CuZn に関する研究がもっとも組織的に行われ，局所的な規則性の乱れの効果[15]，転位の交差すべりの効果[15]，さらに原子空孔の寄与による転位の上昇分解[39]等に基づくメカニズムが提唱されている．それぞれの文献を参照されたい．

9章

2相組織の金属間化合物材料—Microstructureの重要性—

　広く構造材料として用いられている金属材料は，多くの場合，単独の金属ではなく，複数の金属から成る合金である．しかも単相ではなく2種類以上の相からなる複相材料である．したがって，その力学的性質は，構成相の性質と体積率ならびにその2相組織の形態に依存する．単相材料でも結晶粒を細かくすることによって強度と靭性の向上が図られるが，2相材料の場合には，結晶粒径にとどまらず状態図によってはさまざまな2相組織を作り込むことができる．鉄鋼材料が広く用いられている理由の1つは，α/γ相変態を利用してさまざまな特質を持った組織を作り出すことができることにある．現在，耐熱合金として広く用いられているNi基スーパーアロイは，$L1_2$型金属間化合物であるNi_3Alを主体とする2相材料であるが，この材料の特性を最大限に発揮させるためには2相組織の制御が欠かせない．最近新しい軽量耐熱材料として実用段階に入ったTiAl基の2相材料でもその独特の組織が有効に利用されている．組織制御されたNi基スーパーアロイやTiAl基の2相材料は，しばしばその構成相の特性から期待される以上の特性を発揮する．本章ではNi基スーパーアロイとTiAl基の2相材料を取り上げ，利用されている2相組織とその力学的性質について説明する．

9.1　Ni基スーパーアロイ

9.1.1　γ/γ' 2相組織

　Ni基スーパーアロイ（以下スーパーアロイと略称する）はNi-Al固溶体相（γ相）とNi_3Al金属間化合物相（γ'相）からなり，構成相すべてが金属間化合物ではないが，高温強度を徹底的に追求して開発された最先端のスーパーアロイでは，Ni_3Al相の体積率が60%を越える．したがって，スーパーアロイ

9.1 Ni基スーパーアロイ

はいまや金属間化合物基の材料であるといっても過言ではない．スーパーアロイにはAlの他に多くの合金元素が添加されているので，状態図上の複雑な凝固経路を経て凝固する．さらに凝固後に組織調整と組成均一化のための熱処理が施される場合が多い．したがってスーパーアロイの組織は本来複雑であるが，基本的にはγ/γ'2相組織で，スーパーアロイの力学特性はこの2相組織の特性によって決まるといっても過言ではない．図9.1[40]は典型的なγ/γ'2相組織の一例で，白く見える部分がγ'相，黒く見える部分がマトリックスのγ相である．γ, γ'相は共に立方晶で，それぞれの格子定数を$a_\gamma, a_{\gamma'}$とすれば，一般に$a_\gamma > a_{\gamma'}$, 両者の格子のミスマッチ$\delta = (a_\gamma - a_{\gamma'})/a_\gamma$は0〜0.5%の範囲にある．したがって両相の単位胞はほとんど同じ大きさである．このような理由からスーパーアロイ中の両相には次式のような極めて整合性のよい結晶方位関係が成り立っている．

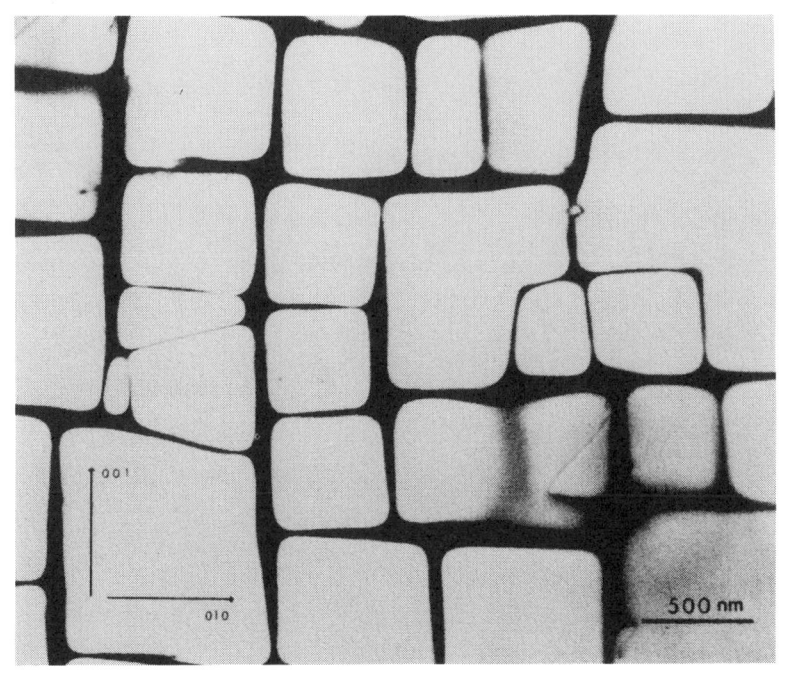

図9.1 スーパーアロイSRR 99（単結晶合金）のγ/γ'2相組織[40].

$$\{100\}_\gamma // \{100\}_{\gamma'}, \quad \langle 100\rangle_\gamma // \langle 100\rangle_{\gamma'} \tag{9.1}$$

この方位関係から，γ相マトリックス中のγ'相は必然的に立方体を基本とする形状をとり，それら立方体の面と稜が平行になるよう分散する．図9.1はこのようなγ/γ'2相組織を立方体の1つの稜の方向から見て撮影した電子顕微鏡像である．

スーパーアロイの強度を決める最も重要な要因の1つはγ'相の体積率である．γ'相の体積率の増加と共にスーパーアロイの強度は増加するが，逆に靭性の低下をもたらし，この強度と靭性の兼ね合いから先進的スーパーアロイのγ'相体積率はほぼ60〜80％程度になっている．もちろん，スーパーアロイの力学特性はγ'相の存在状態，すなわちミクロ組織にも依存し，一般にγ'相が適当なサイズ（1μm以下）を持って均質に分布していることが望ましい．γ'相体積率が50％を越えるほどに大きくなれば鍛造が不可能になり，鋳造によって必要形状を作り込まなければならなくなる．このような理由から，スーパーアロイを鍛造合金と鋳造合金に大別することがある．より高温で使用することを目的に近年開発されたスーパーアロイはほとんど鋳造合金である．

9.1.2 一方向凝固合金と単結晶合金

溶解した金属を鋳型に鋳込みそのまま冷却すれば，鋳壁の至るところで凝固が始まり，さまざまな結晶方位を持った結晶粒が形成される．したがって，このような通常の溶解・凝固プロセスを経てスーパーアロイの鋳物を作れば，個々の結晶粒の内部には(9.1)式の方位関係を持ったγ/γ'2相組織が形成されても，個々の結晶粒そのものはランダムな方位を持った組織ができあがる．図9.2(a)は，そのような組織を持った鋳物の一例で，鋳型の中で普通に凝固させたジェットエンジンのタービン動翼を示している．γ/γ'2相組織は識別できないが，γ/γ'2相組織を持った個々の結晶粒を識別できる．このような組織に高温で荷重をかけると，荷重軸に対して傾いた粒界で粒界すべりがおこりクリープの原因の1つになる．もし粒界を荷重軸に平行に揃えることができれば，粒界にかかるせん断応力が0になり粒界すべりをなくすことができる．この点で図9.2(a)のような組織には改良の余地がある．さらに，図9.1のような

9.1 Ni基スーパーアロイ

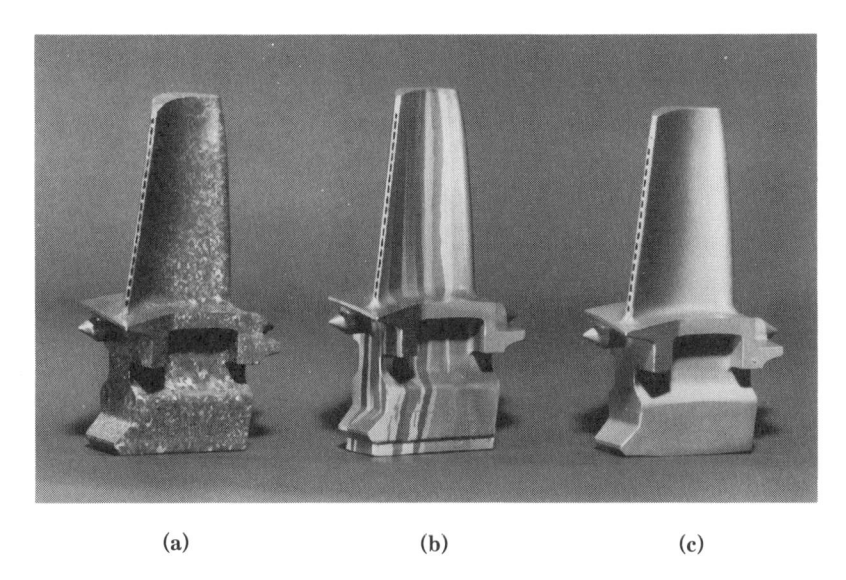

図9.2 ジェットエンジンのタービンブレード．
(a)多結晶ブレード，(b)一方向凝固ブレード，(c)単結晶ブレード．

γ/γ' 2相組織の機械的性質には異方性があって，たとえばスーパーアロイにとって最も重要なクリープ強度は2相組織の$\langle 001 \rangle$方向が引張軸と平行なとき大きくなる．このような γ/γ' 2相組織の異方性を積極的に活用するために γ/γ' 2相組織の方位を揃える，という組織の改良余地も残っている．この2つの組織改良を可能にしたのが，一方向凝固による鋳物の製造である．

一方向凝固法とは，鋳型内部に温度勾配をつけ鋳型の下端から一方向に凝固させ柱状結晶粒を成長させる凝固法である．個々の柱状晶の方位は凝固方向に垂直な方向から見ればランダムであるが，凝固方向には優先成長方向が揃うはずである．幸いなことに，立方晶の結晶が融体から晶出するとき，$\langle 100 \rangle$方向に優先成長するという性質があるため，スーパーアロイを一方向凝固すれば γ/γ' 2相組織の$\langle 100 \rangle$が凝固方向に揃った柱状晶からなる鋳物が得られ，先の2つの組織改良に対する要求が同時に満たされる．したがって一方向凝固材は凝固方向に応力がかかるような用途，たとえばタービン翼のような遠心力が強く

働く用途にはうってつけである．このような理由から一方向凝固に適した多くのスーパーアロイが開発された．このようなスーパーアロイを一方向凝固合金とよんでいる．図9.2(b)は一方向凝固したジェットエンジンタービン動翼の一例である．縦に成長した柱状晶を明瞭に識別できる．柱状晶に垂直な断面には図9.1のような γ/γ' 2相組織が観察される．

　一方向凝固材の場合，凝固方向からずれた予期せぬ応力がかかると凝固方向と平行な柱状晶の粒界に沿って縦割れが生じることがある．このような割れを防ぐための粒界強化元素，たとえばBやZrが添加される．しかしこれらの元素はNi-B, Ni-Zr系状態図からわかるように，Niと深い共晶を形成しスーパーアロイの融点を下げる．耐熱上限温度を上げるためには，これらの元素の添加は得策とはいえない．そこで，成長する柱状晶の数を1つにして鋳物全体

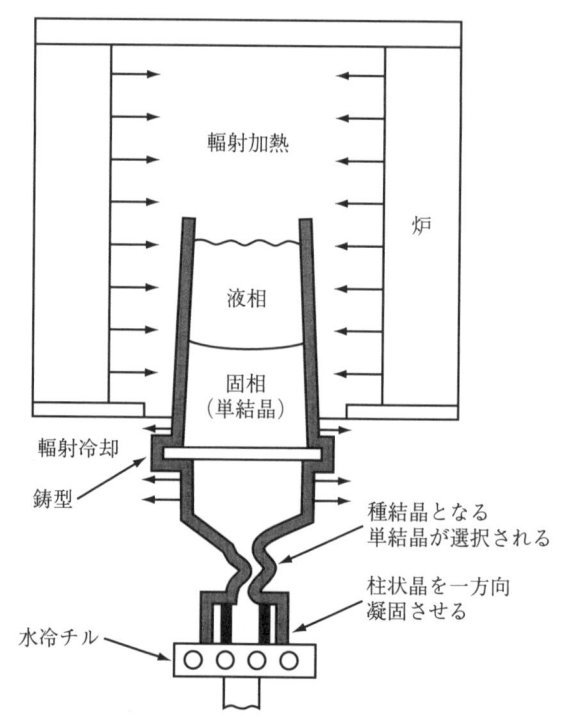

図9.3　一方向凝固による単結晶ブレードの製作[74]．

を単結晶とする試みがなされ単結晶合金が開発された．現在最も先進的なスーパーアロイはこのような単結晶合金で，図9.2(c)のような単結晶翼の製造に用いられている．単結晶翼は一方向凝固法を応用して図9.3のように製作される[74]．

9.1.3　スーパーアロイの組成と世代

　スーパーアロイの基本合金はNi-20 mass%Cr合金で，1920年代中頃，この合金にAlを6 mass%程度まで添加し高温強度を上げた新合金がドイツで開発され特許となっている．以来，耐熱温度の向上を目指して数多くのスーパーアロイが開発され，現在の単結晶合金に至っている．現在のスーパーアロイには10種以上の合金元素が添加されていることもめずらしくなく，組成の特徴を読み取るのは容易ではない．しかし，スーパーアロイ中のγ'相はNi_3(Al, Ti)組成を持っているので，Al+Ti量がγ'相体積率の，したがって高温強度の目安になる．Al+Ti量の多くない鋳造合金もあるが，そのような合金には多くの場合Nbが1〜5%添加されていて，γ相中に整合析出するNi_3Nbによる強化が利用されている．たとえば，最も普通に用いられるスーパーアロイ（鋳造合金）であるInconel-713Cには，Cr(12.5)，Mo(4.2)，Nb(2.0)，Al(6.1)，Ti(0.8)（数値はmass%）が合金元素として含まれている．

　Crは主に耐酸化性向上のための合金元素で，Crの多いスーパーアロイはどちらかといえば高温強度より耐酸化性に重点が置かれて開発されたと考えてよい．Inconel-713Cは特に耐酸化性に優れたスーパーアロイではないが，それでも大気中に900°C，200hあるいは850°C，500h放置しても2〜3 g/m²程度の酸化増量しか示さない．12章に，金属間化合物の実用化例の1つとして，TiAl基合金の自動車用ターボチャージャーローターへの応用について述べるが，TiAl基合金に"現用材であるInconel-713C程度の耐酸化性"を付与することができるか否かが開発の成否を決める1つの関門であった．Inconel-713C程度の耐酸化性があれば，ターボチャージャーローターとしてそのまま利用できるため，Inconel-713Cの耐酸化性が指標になったのである．Inconel-713Cは広く用いられているので，このように耐熱材料の指標として

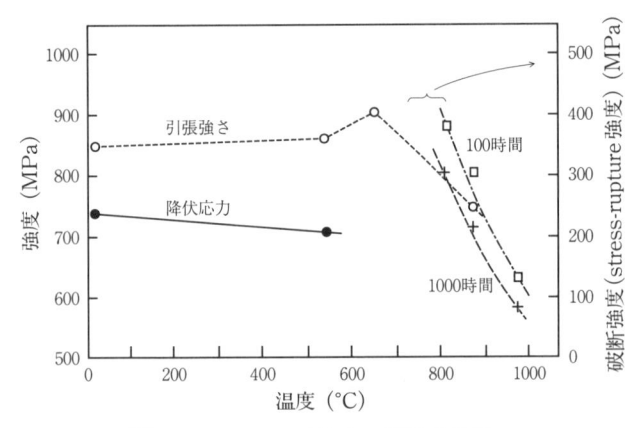

図 9.4 Inconel-713 C の機械的性質.

用いることも多く，その特性値を知っていれば便利である．Mo，W，Ta のような高融点の遷移元素は主に γ，γ' 相の固溶強化あるいは炭化物を析出させるために添加される．

図 9.4 は Inconel-713 C の降伏応力，引張強さ，100 および 1000 h 破断強度 (stress-rupture strength) を温度に対してプロットしたものである[41]（ある温度でのクリープ破断寿命が 100 h になる応力をその温度における 100 h 破断強度という）．降伏応力や引張強さは 700℃程度までほとんど低下しないが，800℃を越えるとクリープが顕著になる．70 MPa の応力で 1000 h のクリープに耐える温度を耐熱上限温度と考えれば，Inconel-713 C のそれは 980℃程度，160 MPa-10000 h を目安にすれば 850℃程度になる．このような耐熱上限温度を上げるためには，γ' 相の体積率を上げ，γ，γ' 相の固溶強化を図る必要がある．しかし，先進的なスーパーアロイでは γ' 相の体積率は上限に達しているので，より強力な固溶強化元素の探索が行われ，Re 添加の有効性が発見された．現在，Re 添加以前の一方向凝固合金や単結晶合金を第 1 世代合金，Re を 3 mass%程度添加した合金，特に単結晶合金を第 2 世代合金，Re を 6 mass%程度添加した単結晶合金を第 3 世代合金とよんでいる．第 2 世代合金になると 160 MPa-10000 h 破断温度が Inconel-713 C より 100℃程度高い合金もあり，Re 添加は高温強度の向上に大変有効である．しかし Re が非常に高価である

ため（3 mass%Re を添加すると合金価格が2倍になるといわれている），Re量に注目した呼称が用いられるようになった．最近では，貴金属の1つであるRuを添加した単結晶合金も開発されていて，第4世代合金とよばれている．ちなみに，図9.1の合金，SRR 99 は第1世代の単結晶合金である．

スーパーアロイ開発の流れをごく簡単にまとめたが，γ'相の体積率の増加，γ，γ'相の固溶強化，一方向凝固や単結晶化を容易にするための合金組成の適正化，Re や Ru の添加等々を，5.1節に述べた脆い TCP 相を析出させずに行うこと，言い換えれば合金の脆化を引き起こすことなく行うことは容易なことではない．現在も絶え間なく続けられている多くの実験的，理論的合金開発[3,42]の積み重ねが現在の多様なスーパーアロイの世界を支えている．

9.1.4　γ/γ' 相境界

スーパーアロイの力学特性を支配する要因として，構成相である γ，γ' 相の強度と体積率，γ' 相の存在状態に加え，γ/γ' 相境界の存在が重要である．両相の変形は{111}⟨110⟩すべりによっておこる．しかし，すべりを担う転位の構成が異なる（6.2.2項参照）と共に格子定数がわずかに異なるため，すべりは簡単には γ/γ' 相境界を越えられない．しかし，両相の境界は非常に整合性がよく応力が高まっても破壊するよりむしろひずみの連続性を保つ方向に両相の変形を促すと考えられる．言い換えれば，γ/γ' 相境界は変形を小さく区切られた γ，γ' 相に拘束しかつ試料全体を均一に変形させる，多結晶における Hall-Petch 効果を果たしていると想像させる．図9.5 は，第1世代単結晶合金である CMSX-2 合金と同合金中の γ' 相と同じ組成の γ' 相を[001]方向に一方向凝固し，それぞれのクリープ挙動を比較した結果を示している[43]．いうまでもないが，CMSX-2 合金中の γ 相のクリープ強度は γ' 相のそれよりはるかに低いから，CMSX-2 合金のクリープ強度は，その構成相である γ，γ' 相のクリープ強度を複合則により加算した値よりはるかに大きい．このことは，γ/γ' 相境界のクリープ強度に対する寄与が非常に大きいことを物語っている．先に述べた Hall-Petch 効果と共に γ/γ' 相境界そのものがクリープ強度に寄与している可能性がある．しかし，γ/γ' 相境界の寄与の詳細は必ずしも明らかに

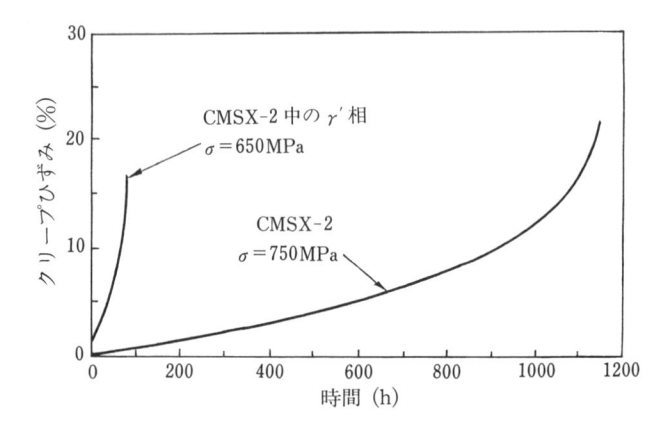

図 9.5 スーパーアロイ CMSX-2 ならびに同合金中の γ' 相と同じ組成の γ' 相を[001]方向に単結晶凝固して得られた試料のクリープ強度[43].

なっていない．このような，整合相境界は，次節で述べる TiAl 基合金にも存在し，その強度をはじめとする力学物性に重要な影響を及ぼしている．スーパーアロイをモデル系として，このような整合相境界の役割を詳細に解明すれば，高温材料の開発に新たな展望が拓かれるかもしれない．事実，スーパーアロイのようなミクロ組織と構成相間の界面整合性に注目し，同様のミクロ組織と整合界面を有する複相系を探索することによって，新たな複相高温材料を開発する試みもなされている．これは極めて興味ある高温材料開発の指針であるが，現時点ではまだ見るべき成果にはつながっていない．

9.1.5 スーパーアロイにとって γ' 相の異常強化特性は有効か？

γ' 相は Ni_3Al 相であるから 8.1 節に述べたように 600°C を越える温度まで温度上昇とともに降伏応力が増加する．しかし，スーパーアロイの耐熱限界，すなわち多くの場合耐クリープ性によって決まる使用上限温度が，Inconel-713 C のようにごく一般的なスーパーアロイでも 800°C を越えており，γ' 相の異常強化温度範囲を越える温度で使用される．したがって異常強化特性はスーパーアロイの耐熱性には直接貢献しない．さらに，図 9.6 に示すように，Ni_3Al の異常強度のピークはひずみ量の低下と共に小さくなる[44]．すなわち，

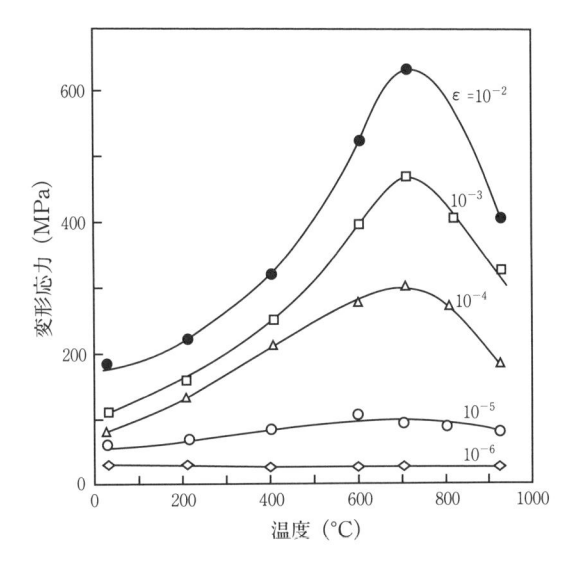

図 9.6 Ni$_3$Alの異常強度とひずみ量の関係[44].

8.1.2項の異常強化メカニズムは，生ずるひずみが微小な場合には機能せず，クリープ特性が重要なスーパーアロイにとって直接的に有効であるとはいえない．スーパーアロイの優れた高温強度の直接の源はあくまでもγ/γ' 2相組織にあると考えるべきである．ただし，突発的に大きな負荷が発生したときには，温度によってはγ'相の異常強化メカニズムが働き大きな応力に耐える可能性がある．したがって直接的ではないが，γ'相の異常強化特性はスーパーアロイの優れた特性の一面として重要である．

9.2 TiAl 基合金

図9.7のTi-Al系2元状態図からわかるように，TiAl相（γ相）はほぼ化学量論組成からAl過剰側に広い固溶範囲を持つ金属間化合物であるが，現在，一般に用いられている"チタンアルミ"という名称は必ずしもTiAl単相化合物を指すのではなく，Ti$_3$Al(α_2)相を少量含むγ/α_2 2相材料を指して用い

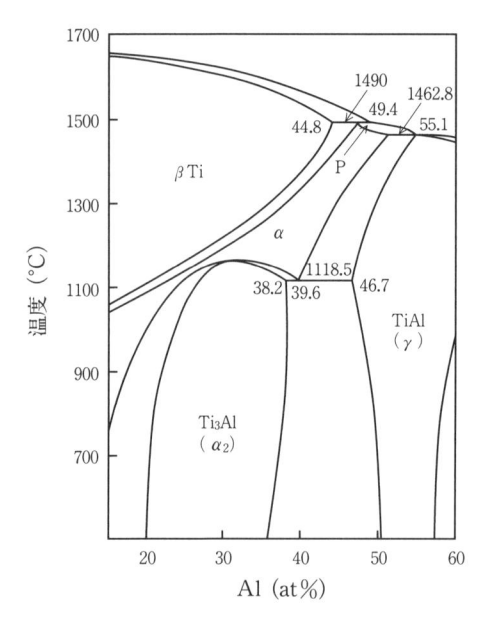

図 9.7 TiAl相近傍のTi-Al系2元状態図（Binary Alloy Phase Diagrams Updating Service, Ed. H. Okamoto, ASM International, Materials Park, Ohio 1993 より），PはBeta凝固とalpha凝固の境界点．

られることが多い．"金属間化合物"という語には基礎研究段階の物質のイメージが強いが，"合金"という語には実用材料を連想させる響きがある．スーパーアロイと比較すればその使用量は未だ微々たるものであるが，12章で述べるように"チタンアルミ"はすでに堂々たる実用材料であるから，ここではTiAl基の2相材料である"チタンアルミ"を"TiAl基合金"とよぶことにする．TiAl相の単相素材が実用上注目されないのは，TiAl相の変形特性がAl濃度に敏感に依存し，Al過剰になると急激に脆くなるからである[45]．

9.2.1　γ/α_2 2相組織

（1）ラメラ組織—その形成過程と結晶学—

実用的TiAl基合金はTi-47～48 Al（at%）組成の2元合金を基本組成としている．このような組成の2元合金を溶解し鋳型の中で普通に冷却すれば，図

9.2 TiAl 基合金

9.7の状態図からわかるように,まずβ相が関与する凝固反応を経てα単相領域に入る.α単相領域から$(\alpha+\gamma)$領域に入り,$\alpha \rightarrow \alpha+\gamma$反応によって$\alpha$相から$\gamma$相が層状に析出する.層状$\gamma$相の析出が完了したとき,合金組成によって決まる体積率のα相が層状α相の間に残り層状の2相組織が形成される.γ相の平均層厚は$(\alpha+\gamma)$領域での冷却速度が小さいほど大きくなる.γ相が層状に析出するのは,fcc構造を基本とする$L1_0$構造のγ相とhcp構造のα相それぞれの最稠密面と最稠密方向が平行になるからで,その結晶方位関係は次のように表される.

$$\{111\}_\gamma // (0001)_\alpha, \langle 110 \rangle_\gamma // \langle 11\bar{2}0 \rangle_\alpha \tag{9.2}$$

さらに温度が低下すれば,α相が規則化してα_2相となり最終的にγ/α_2層状組織が形成される.このような層状組織をTiAl基合金のラメラ組織,γ層,α_2層をそれぞれγラメラ,α_2ラメラとよんでいる.α相が規則化しても上式の結晶方位関係は変わらない.

図9.8はこのようにして形成される典型的なラメラ組織の1例である.α相

図 9.8 TiAl 基合金のラメラ組織.

図9.9 ラメラ組織中の TiAl（γ）相ラメラに観察されるドメイン構造（光学顕微鏡による観察）[77].

中の(0001)面は他に等価な面を持たないので，1つのα粒が全面1組のラメラ組織に変わっている．このようなラメラ組織を拡大すれば，さらに微細な組織がγラメラ内に存在することがわかる．図9.9はγラメラをラメラ面に垂直に観察したもので，γラメラ内に粒界のような境界が見える．これは(9.2)式の方位関係から必然的に生ずるもので，以下のように説明できる．γ相の(111)面とα相の(0001)面の原子配列は図9.10のようになり，α相の(0001)面上の$\langle 11\bar{2}0 \rangle$方向はすべて等価であるのに対し，$\gamma$相のたとえば(111)面上の$[\bar{1}01]$と$[01\bar{1}]$は等価であるが，$c$軸と垂直な$[1\bar{1}0]$方向はこれら2方向と等価ではない（付録6参照）．したがってα相の(0001)面上にγ相の(111)面が整合するとき，ラメラ界面に垂直な軸の周りに互いに0°，±60°，±120°，180°回転した6種の整合の仕方が存在する（なお，低Al組成のTiAl基合金ではγ相がα_2相から析出する場合があるが，α_2相の(0001)面上の$\langle 11\bar{2}0 \rangle$方向もすべて等価であるため全く同様のことがおこる）．したがって，同じα相粒の中で(9.2)式に従って核生成したγ相ラメラでも6種の異なる方位を持っている可

9.2 TiAl 基合金

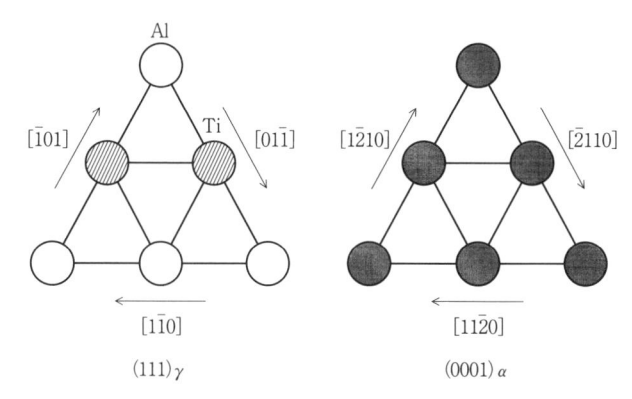

図 9.10 TiAl（γ）相の(111)面およびα相の(0001)面の原子配列．α相の原子サイトに Ti(Al) が見出される確率は Ti(Al) の濃度（at%）に依存する．

能性があり，6種のバリアント（orientation variant）があるという．このようにラメラ組織中の γ 相には6種のバリアントが存在することになるが，1つの γ 相ラメラ内には，120°回転した3種のバリアントのみ存在し，γ/γ ラメラ境界を介して 180°あるいは 60°回転関係にあるバリアントが隣接する場合がある．図 9.9 で結晶粒界のように見えるのは，120°回転関係にあるバリアントの境界である．1つの γ 相ラメラ内に 120°回転関係にあるバリアントしか存在しないこととラメラ組織の形成機構は密接に関係していると考えられているが，その詳細は未だ不明である．異なるバリアントの方位関係に注目すれば，双晶（twin）関係（180°回転），擬双晶（pseudo-twin）関係（60°回転，原子の配列は双晶関係にあるが，原子の種類まで考慮すれば双晶関係とはいえない方位関係）および 120°回転関係の3種に集約される．したがって，ラメラ組織内のγ相ラメラ間の γ/γ ラメラ境界はこれら3種のうちのいずれかの方位関係を持ったバリアント境界でもある．120°回転関係（RB），擬双晶関係（PT）の γ/γ ラメラ境界はたとえば図 9.11 のような頻度で観察される．図中表示のない γ/γ ラメラ境界はすべて双晶関係にある．

以上を要約すれば，「TiAl 基合金のラメラ組織は 120°回転関係にあるバリアントに対応するタイルのように見える領域（ドメイン）をあたかもジグソー

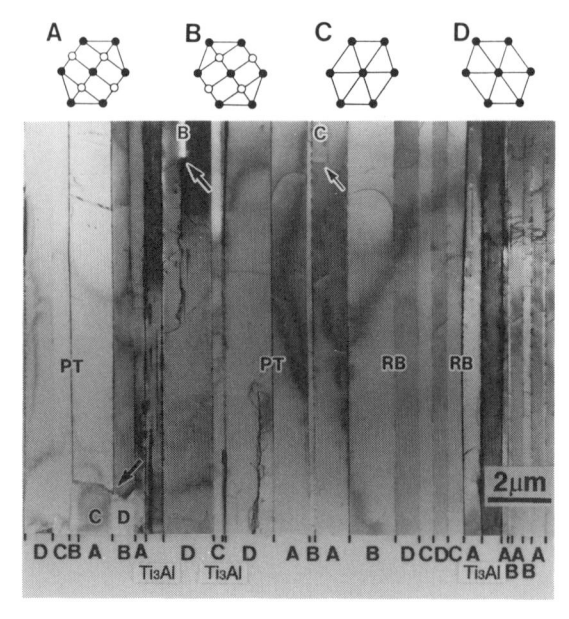

図 9.11 ラメラ組織とラメラ境界（電子顕微鏡による観察）[77].

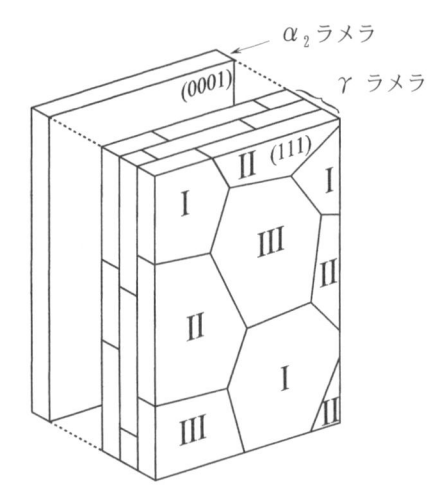

図 9.12 ラメラ組織の模式図．I，II，III は 120°回転関係にある 3 種のバリアントに対応するドメインである．

パズル状に配したγラメラを，所々にα₂ラメラを挟み込みながら表裏ランダムに積み重ねることによってでき上がる，模式的に描けば図9.12のような組織」であるということができる．なお，図9.8のような低倍率で観察されるラメラ境界はほとんどγ/α₂界面である．

（2）等軸組織

溶解鋳造後のインゴットにはラメラ組織が形成されているが，再び($\alpha+\gamma$)領域で加熱保持すれば，ラメラ組織は徐々に崩壊し等軸のα粒とγ粒からなる組織に変化する．($\alpha+\gamma$)領域で高温加工すればラメラ組織の崩壊はさらに速やかに進行する．このような等軸粒組織をそのまま普通に冷却すればα粒がラメラ組織に変化し，図9.13のような等軸のγ粒とラメラ組織粒からなる組織が得られる．溶解鋳造後普通に冷却したときこのような等軸粒組織が得られないのは，普通の冷却速度における$\alpha\to\alpha+\gamma$反応の機構としてすでに述べたγ相の層状析出機構が速度論的に優先されるからである．TiAl基合金の組織は高温からの冷却速度，高温加工とその後の熱処理，合金組成によりさまざ

図9.13 等軸粒組織（光学顕微鏡による観察）．白く平坦に見える粒がγ粒，灰色および黒く見える粒がラメラ粒である．

まに変化するが，基本的には，図9.8のような典型的なラメラ組織と図9.13のような，等軸のγ粒とラメラ組織粒からなる等軸粒組織に大別できる．

等軸粒組織の最大の特徴は，$(\alpha+\gamma)$領域での保持温度と時間，加工の程度，その後の冷却速度等を変えることにより組織要素を変え得ることである．たとえば，$(\alpha+\gamma)$領域の高温側で保持あるいは加工すればラメラ組織粒の多い等軸粒組織が，低温側で保持あるいは加工すればγ粒の多い等軸粒組織が得られる．実用的には$(\alpha+\gamma)$領域の2相の体積率がほぼ等しい温度で加工することによって粒成長を抑制し等軸粒組織を微細化することが重要である．図9.13はこのようにして作り込まれた微細等軸粒組織である．将来タービンディスクのような必ず鍛造を経て製品化される部品にTiAl基合金が利用されるようになれば，最適な等軸粒組織とそれを作り込むための加工と熱処理プロセスの開発が進展すると期待される．

（3）PST結晶

普通にTiAl基合金を溶解鋳造すれば，α単相領域で多結晶であるため，図9.8のような多結晶のラメラ組織が形成される．もし，α単相領域を単結晶状態で通過させることができれば，図9.14の模式図で示すようなインゴット全体にわたってラメラ組織の方位が揃った単結晶状のγ/α_2 2相合金を作り得る．

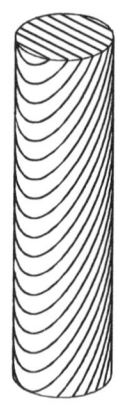

図9.14 PST結晶の模式図．

9.2 TiAl 基合金

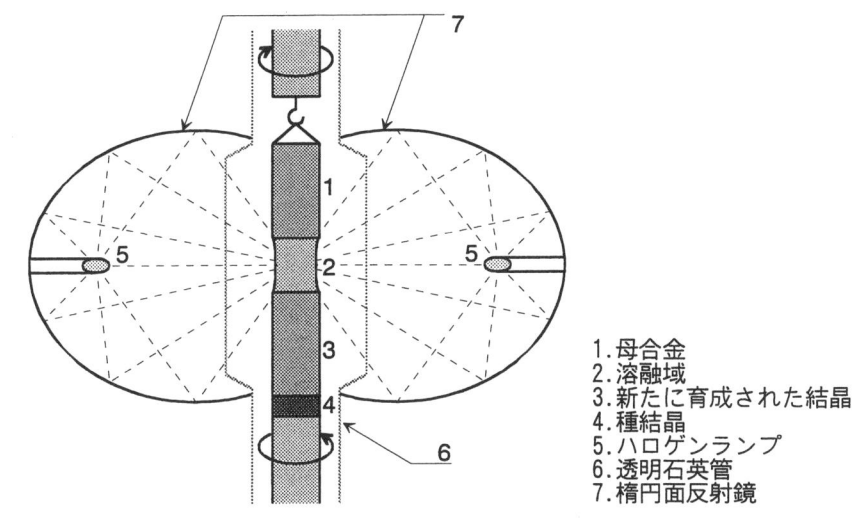

図 9.15 ハロゲンランプによる加熱を採用した帯溶融法.

1. 母合金
2. 溶融域
3. 新たに育成された結晶
4. 種結晶
5. ハロゲンランプ
6. 透明石英管
7. 楕円面反射鏡

事実,通常の方法で溶製したインゴットを,単結晶作製にしばしば用いられる帯溶融法(図9.15)を用いて再度溶解一方向凝固し,このような単結晶状 γ/α_2 2 合金が作られている.図9.11からわかるように γ/γ 界面は双晶または擬双晶界面であることが多く,図9.14は双晶関係にある薄片を積み重ねた構造になっているということもできる.このような双晶関係にある薄片が積み重なる現象を鉱物学の世界では"polysynthetic twinning"とよんでいる.そこで,この語に因み図9.14のような結晶に"polysynthetically twinned(PST)crystal"なる名称が与えられた[46].以来 PST cystal あるいは PST 結晶と簡略化してよばれている.TiAl 基合金の場合,Al 過剰組成の γ 単相合金であれば容易に単結晶を育成できるので,このような単結晶と区別するためにもこのような新しい名称を要したのである.TiAl 基合金の2相組織や変形に関する基礎的な研究の多くがこの PST 結晶を用いて行われている.

9.2.2 γ/α_2 2相組織の変形と強さ

(1) PST 結晶

a. 強さの異方性

ラメラ組織の変形と強さが異方性を示すだろうことはラメラ組織の組織的特徴から容易に想像できるが，その実態を知ることが重要である．それによって図 9.8 のラメラ組織や図 9.13 の等軸粒組織の変形と強さをより系統的に理解できる．PST 結晶を用いることの最大のメリットは圧縮あるいは引張軸を任意に選んで試片を切り出すことができることである．PST 結晶中の α 相はもともと単結晶であったから，残存する α_2 相ラメラはすべて同じ結晶方位を持っている．この α_2 相の 1 つの $\langle 11\bar{2}0 \rangle$ に注目すれば，(9.2)式の方位関係によってこの方向に γ 相の 6 種のバリアントの $\langle 110 \rangle$ あるいは $\langle 101 \rangle$ の 1 つが，これに垂直な方向に $\langle 112 \rangle$ あるいは $\langle 121 \rangle$ の 1 つが揃っているはずである．したがって，ラメラ境界に対して図 9.16 のように荷重軸を定義することができる．このように定義される PST 結晶の方位は一般の単結晶と同様に X 線回折法によって決定できるので，$\psi=0°$ と $\psi=90°$ に対して ϕ を変えた引張試料が切り出

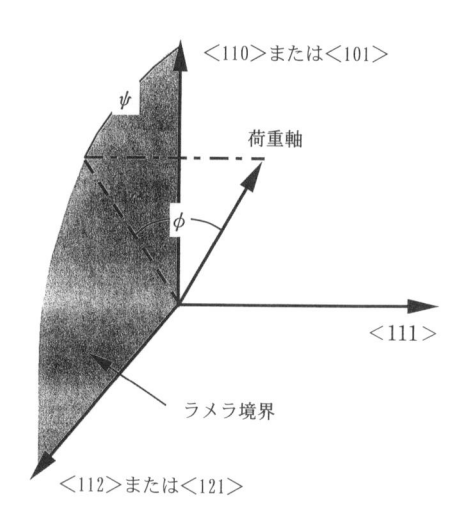

図 9.16 PST 結晶の荷重軸（ϕ と ψ）の定義．

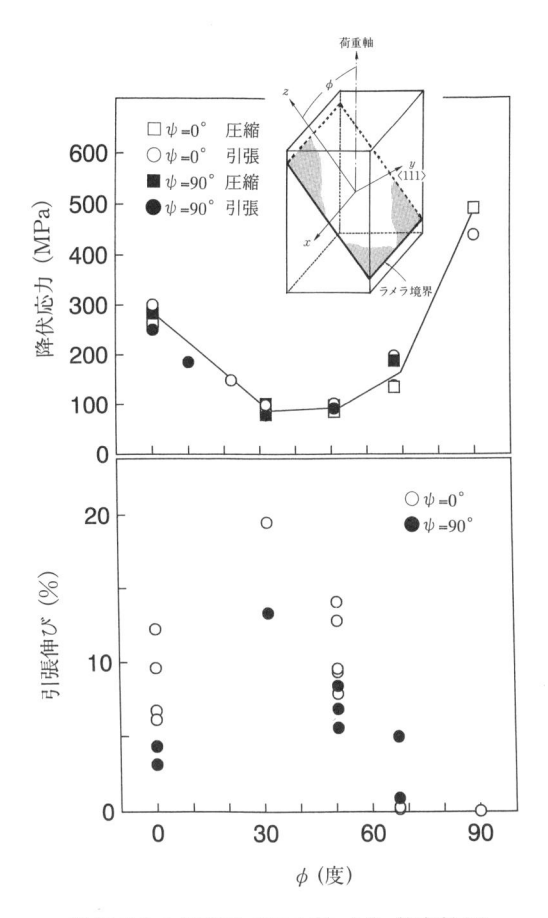

図 9.17 PST の降伏応力と引張伸びの方位（ϕ）依存性[47].
$\phi=0°$ のとき，x 軸は $\langle 112 \rangle$ または $\langle 121 \rangle$，z 軸は $\langle 110 \rangle$ または $\langle 101 \rangle$.
$\phi=90°$ の時，x 軸は $\langle 110 \rangle$ または $\langle 101 \rangle$，z 軸は $\langle 112 \rangle$ または $\langle 121 \rangle$.

され室温の降伏応力と引張伸びが測定されている（図 9.17[47]）．降伏応力と引張伸びは ψ にはほとんど依存しないが，ϕ には著しく依存し，荷重軸がラメラ境界に垂直（$\phi=90°$）なとき降伏応力は最大となり，平行（$\phi=0°$）であればそれに次ぐ大きさとなる．中間方位では，前2者に比べ圧倒的に小さい降伏応力が得られる．なお降伏応力の大きさ，ϕ 依存性の傾向共に約 800℃ まであま

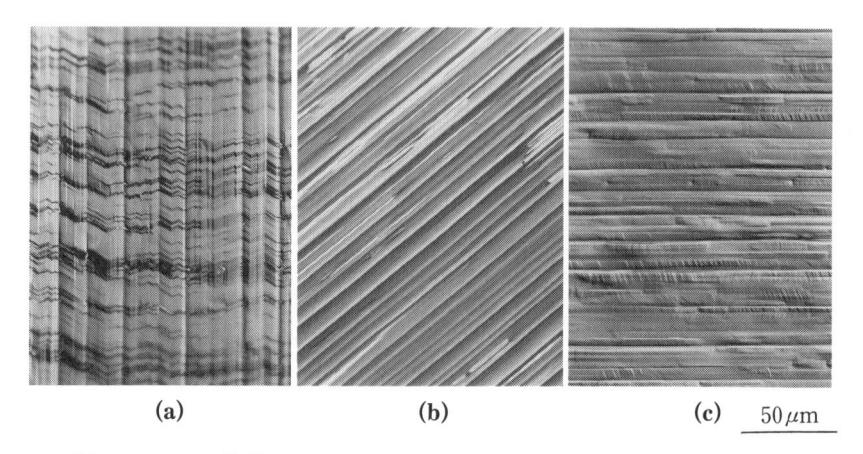

図 9.18 PST 結晶のすべりと ϕ の関係（光学顕微鏡による観察）．
(a) $\psi=90°$ $\phi=0°$, (b) $\psi=90°$ $\phi=51°$, (c) $\psi=90°$ $\phi=90°$

り変化しないことが確認されている．変形後の試料表面を光学顕微鏡によって観察すれば（図 9.18)，ラメラ組織境界に平行または垂直に変形した場合，せん断変形がラメラ組織境界と交差するように進行するに対し，中間方位の場合には，せん断変形がラメラ組織境界に平行に進行していることがわかる．前者では変形はラメラ境界によって，後者では γ ラメラ内のドメイン境界によって区切られている．もし降伏応力の ϕ 依存性が Hall-Petch 則によって決まっているなら，前者の Hall-Petch 則の粒径 d に対応する距離として γ ラメラの厚さ，後者のそれとしてドメインサイズをとり，それぞれの降伏応力を Hall-Petch プロットしてみればほぼ直線関係が得られるはずである．事実，γ ラメラの厚さを変えた PST 結晶から切り出した $\phi=0°$ および $\phi=31°$ の試料の臨界分解せん断応力（降伏応力を観察されたすべり系あるいは双晶系に分解した値）を，γ ラメラの厚さ（$\phi=0°$）とドメインサイズ（$\phi=31°$）の平方根の逆数に対してプロットすればほぼ直線関係が得られる（図 9.19[(48)]）．このことから，図 9.17 の降伏応力の ϕ 依存性はほぼ Hall-Petch 則によって説明できることがわかる．しかし，これだけでは引張伸びの ϕ 依存性や $\phi=0°$ と $\phi=90°$ の降伏応力の違いを理解できない．PST 結晶の変形機構に一歩踏み込んだ考

9.2 TiAl 基合金

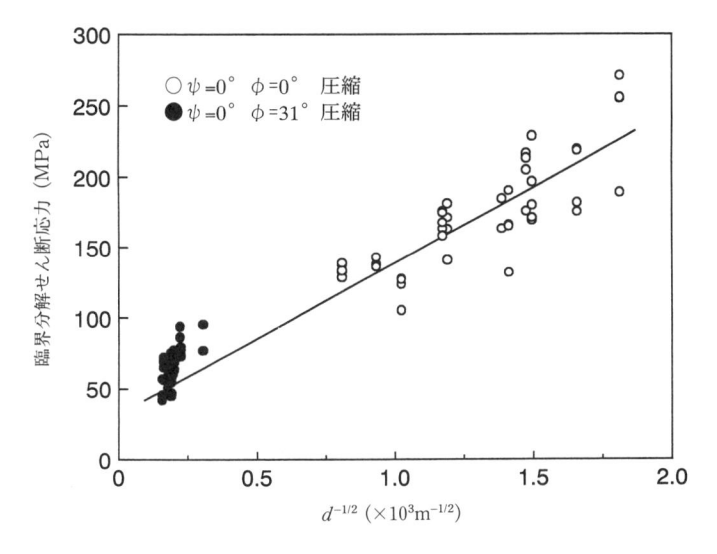

図 9.19 PST 結晶の臨界分解せん断応力とラメラの厚さおよびドメインサイズの関係．$\phi=0°$ と $\phi=31°$ に対する d はそれぞれラメラの厚さとドメインサイズである[48]．

察が必要である．

b. 変形の異方性

γ 相の変形を担う主たる変形モードは 3 種あって，それらは，fcc 結晶中の転位と同じ $1/2\langle110\rangle$ 転位（図 6.11(b) のたとえば f_0 がそのバーガースベクトル）による $\{111\}\langle110\rangle$ すべり，図 6.11(b) の f_a をバーガースベクトルとする規則格子部分転位の対による $\{111\}\langle101\rangle$ すべり，6.5 節で説明した $\{111\}\langle112\rangle$ 双晶である．$\{111\}\langle101\rangle$ すべりを担う転位対の間には APB が形成される．Ti-47〜48 at%Al 組成の TiAl 基合金中の γ 相では，これら 3 種の変形モードの臨界分解せん断応力の大きさは $\{111\}\langle112\rangle$ 双晶＜$\{111\}\langle110\rangle$ すべり＜$\{111\}\langle101\rangle$ すべりの順に大きくなるが，相互の差はかなり小さく複数の変形モードが同時に観察される場合が多い．すなわち，結晶方位の異なる γ 相の各バリアントの変形は，バリアントごとに選択された 1 つまたは 2 つのすべり系ある

いはそれらと双晶系の組み合わせによっておこる．この選択はラメラ界面やドメイン境界のひずみの適合性（付録7）が最大限保たれるようになされ，必ずしもシュミット因子最大の系が選択されるわけではない[49,50]．スーパーアロイの場合と同じく，多量の界面の存在が変形に重大な影響をおよぼしているのである．

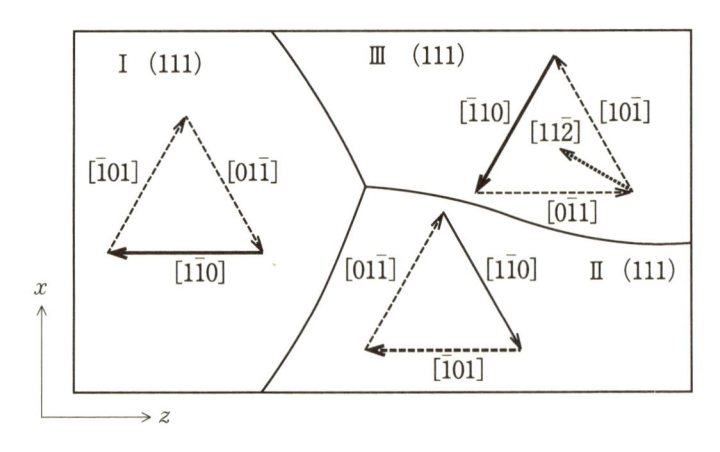

図9.20　Soft mode の変形のメカニズム．

このことを示す最も簡単な例として図9.17の中間方位の試料（$\phi=0°$，$\phi=31°$）の圧縮変形を取り上げ具体的に説明する．中間方位の試料は図9.18のようにラメラ境界に平行にせん断されている．したがってすべてのγラメラはラメラ境界に平行な{111}をせん断面とするすべりあるいは双晶によって変形しているはずである．このことは活動したすべり系と双晶系の観察から確かめられていて，試料中のある1枚のγラメラに注目し，そのxz面（図9.17の挿入図，ここでは(111)として取り扱う）に，3種のバリアントそれぞれに観察されたすべり系と双晶系のせん断方向を示せば図9.20のようになる．バリアントⅠでは1/2[1$\bar{1}$0]転位によるすべり，バリアントⅡでは[$\bar{1}$01]転位による共にシュミット因子が最大のすべりが活動している．もし2種類のすべりによるひずみが同じになるようそれぞれの転位が活動したとすれば（もし2種類の転位が同じようにすべり運動するなら，活動した[$\bar{1}$01]転位の密度が1/2[1$\bar{1}$0]

9.2 TiAl基合金

転位のそれの1/2であれば），バリアントⅠとⅡのドメインは合わせてあたかも単結晶のように変形するはずである．バリアントⅢでは，シュミット因子最大の系ではなく，1/2[$\bar{1}$10]転位によるすべりと[11$\bar{2}$]をせん断方向とする双晶が活動している．この場合にも，すべりと双晶によるひずみの合成がその他のバリアントのひずみと同じになるよう，すべりと双晶の活動の割合を選ぶことができる．

　もしγラメラ全体にわたってこのような変形がおこっているとすれば，このγラメラは単結晶のごとく変形する．言い換えれば，バリアントの異なるドメイン間の境界にはひずみの不適合が生じない．中間方位の変形応力ではα_2ラメラは変形せず，γラメラのみがラメラ境界に平行にz軸に沿って変形し，γ/γラメラ境界はもちろんγ/α_2ラメラ境界でもひずみの適合条件（付録-7）が満たされる．このような変形をsoft modeの変形，これに対しせん断面がラメラ境界と角度を持っている場合をhard modeの変形とよぶことがある．中間方位の低い降伏応力と大きな引張伸びはこのsoft modeの変形の結果である．なお，バリアントⅡでバリアントⅢのようなすべりと双晶が選択されず，やや臨界分解せん断応力の大きい[$\bar{1}$01]すべりが選択されるのは，この方位では圧縮変形下で働く双晶系が存在しないからである．このように活動したすべりと双晶系を特定できても，その活動によって生じたひずみを実験的に定量することはできない．したがって，γラメラが単結晶のごとく変形するようすべりと双晶が一定の割合で活動すると考えるのは仮定である．しかし，$\psi=0°$，$\phi=31°$のPST結晶を圧縮変形した場合，巨視的にはすべりはz軸に沿っておこり，x軸方向の試料サイズは変化しない．すなわち，ここで議論した結果と一致する結果が得られている．他の方位のPST結晶でも，同じように界面でのひずみの適合性を最大限満足するようすべりと双晶系が選択されるとすれば，PST結晶の巨視的変形は図9.21のような異方性を示すと期待され，事実ほぼ期待通りの巨視的変形が観察されている[49,50]．

　α_2相の可能なすべり系のうち，hcp結晶の{10$\bar{1}$0}〈11$\bar{2}$0〉に相当する柱面すべりが比較的容易で，他のすべり系は臨界せん断応力が高くほとんど活動できない．$\phi=0°$の場合，この柱面すべりによってα_2ラメラも変形し，巨視的には

$$\begin{pmatrix} -\varepsilon_x & 0 & 0 \\ 0 & -\varepsilon_y & 0 \\ 0 & 0 & \varepsilon_z \end{pmatrix}$$

$$\begin{pmatrix} \varepsilon_x & 0 & 0 \\ 0 & \varepsilon_x & 0 \\ 0 & 0 & -\varepsilon_z \end{pmatrix}$$

$$\begin{pmatrix} 0 & 0 & 0 \\ 0 & -\varepsilon_z & \varepsilon_{xy} \\ 0 & \varepsilon_{xy} & \varepsilon_z \end{pmatrix}$$

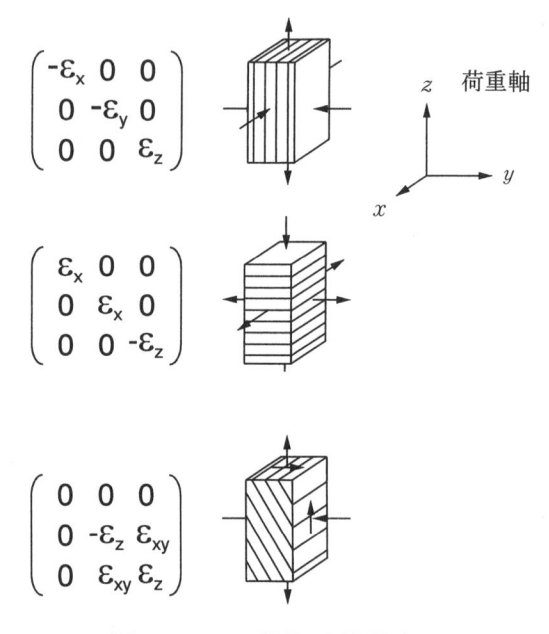

図 9.21 PST 結晶の巨視的変形.

$\varepsilon_y=0$, $\varepsilon_x=\varepsilon_z$ (図 9.21) となり, 異方性の強い変形がおこるが各種界面でのひずみの適合性はよく保たれている[49]. $\phi=0°$ の PST 結晶が Hall-Petch 効果による高い降伏応力と共に優れた延性を示す理由である. 一方 $\phi=90°$ の場合, (i)活動するすべり系と双晶系のシュミット因子が $\phi=0°$ の場合のそれより小さい, (ⅱ)ひずみの適合性を十分満たすように変形モードを選択できない, (ⅲ)柱面すべりが活動できず α_2 相が変形しない, など $\phi=0°$ の場合より変形に不利な条件がある[49]. $\phi=0°$ より $\phi=90°$ の降伏応力が高いのはこのような理由による. $\phi=90°$ で引張伸びを観察できないのは, 上記の理由と共に, 割れが α_2 ラメラ内に発生しやすく, しかも容易に α_2 ラメラ内を進展するからである. 事実 $\phi=90°$ の PST 結晶の破壊靱性は数 MPa $\sqrt{m}$ 程度でセラミックスなみの脆さである. しかし, クラックがラメラ境界に垂直に進展する場合には, クラック先端で塑性変形がおこると共に図 9.22 のような剥離が生じクラック先端が鈍化するため高い破壊靱性を示す. したがって $\phi=0°$ 方位の PST

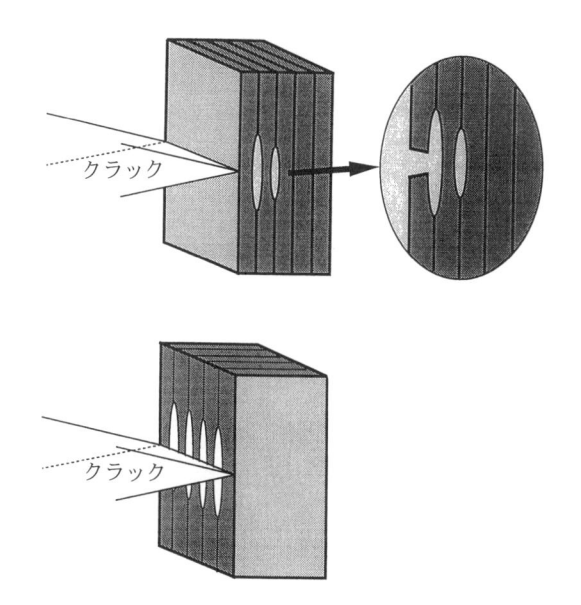

図 9.22 ラメラ組織におけるクラック先端の鈍化.

結晶は強度,延性に加え破壊靭性にも優れている.この性質を積極的に活用するため,TiAl 基合金を一方向凝固し,ラメラ境界を凝固方向にそろえたインゴットを作製する試みがなされている(9.2.3 項参照).

(2) 多結晶 γ/α_2 2 相組織

a. ラメラ組織

溶解鋳造後そのまま冷却すれば α 単相領域で α 粒が粗大化し,図 9.8 のような大きなラメラ組織粒からなるラメラ組織が形成される.この粗大ラメラ組織の最大の欠点は室温延性に乏しいことである.個々のラメラ組織粒は PST 結晶と同じ機械的性質の異方性を示すはずであるから,溶解鋳造後のインゴットから切り出した試験片を引張試験したとすれば,容易に変形する粒もあれば変形しない粒もある,さらに変形しても生ずるひずみはそれぞれ異方的であるという状況が生じるはずである.このような状況下では,変形が均一におこらず,局所的に大きな集中応力が発生しやすいであろうことは想像に難くない.

もし局所的な集中応力によってあるラメラ組織粒のある α_2 ラメラに亀裂が生ずれば, $\phi=90°$ の PST 結晶の脆さから容易に想像できるように, 亀裂は直ちにこの α_2 ラメラを伝って粒の端から端まで伝わり粒径程度のクラックに成長する. この粒径程度のクラックがこの時点の応力下で巨視的破壊につながる臨界サイズ (付録8) を越えていれば, α_2 ラメラに亀裂が生じた瞬間, 引張試片が破壊することになる. 大きなラメラ組織粒からなる溶解鋳造材にほとんど室温延性がないのは, このような破壊が往々にして降伏点に達する以前に生ずるからである. したがって, ラメラ組織の常温延性を改善するためにはラメラ組織粒を微細化しなければならない. 高温強度等とのバランスを考え, ラメラ組織粒が 100～200 μm 程度が望ましいと考えられている. 微細化法として, たとえば (1) 粉末成形材の高温加工熱処理, (2) 加工温度が高くなるが, インゴットを α 単相あるいは $(\alpha+\gamma)$ 領域の上限近くで加工し, α 粒を微細化することによって微細ラメラ組織を実現する加工熱処理[51]等が考えられている. ラメラ組織粒が微細化されれば, hard mode の変形が主体となって変形が均一化し, 一定の引張延性が確保される. また降伏応力 σ_y とラメラ組織粒の粒径 d, ラメラ間隔 λ の間に次のような Hall-Petch 則が成立する.

$$\sigma_y = k_d d^{-1/2} + k_\lambda \lambda^{-1/2} \tag{9.3}$$

k_d, k_λ は定数である[52]. 微細ラメラ組織を実現すれば, 950 MPa 以上の室温降伏強度, 1.5%程度の引張延性を示す TiAl 基合金もある.

b. 等軸粒組織

α_2 相と共存する γ 相の降伏応力は PST 結晶の soft mode に対するそれとほぼ同じ, かつ γ 相には本来延性もあると考えてよいから, 等軸粒組織中の γ 単相粒はラメラ組織粒より低強度高延性である. このような γ 単相粒の特性が反映して等軸粒組織はラメラ組織に比べ引張延性に優れている. この点が等軸粒組織の最大の特徴である. しかし, 強度, 特に高温強度, 靭性等ではラメラ組織におよばない. バランスのよい機械的性質を示す TiAl 基合金を開発する目的で, これまで主にラメラ組織の欠点である常温延性を改善することに研究が集中した理由がここにある. 等軸粒組織の強度を上げるにはラメラ組織粒

の体積率を上げればよい．しかし，等軸粒組織の特徴である延性を最大限に生かし強度をそれなりに上げるには，図9.13のような均一かつ微細な等軸粒組織を得ることがまず求められる（9.2.1(2)参照）．具体的な機械的性質は合金によって多岐にわたるので参考文献[51,53]をあげるに留める．

9.2.3　TiAl基合金の一方向凝固

　スーパーアロイを構成するγ相，γ'相はともに立方晶で，融液から晶出する結晶の優先成長方向は共に[001]であるから，一方向凝固すれば図9.1のような凝固組織が形成される．しかもこの優先成長方位はクリープ強度に優れた方位でもあるからスーパーアロイは一方向凝固に適した合金であるといえる．一方TiAl基合金の場合，図9.7からわかるように，P点よりTi側ではまずβ相が初晶として晶出する．β相は$(\beta+\alpha)$領域を経てα単相となりさらにα相からγ相が析出してラメラ組織が形成される．ラメラ組織の異方性を最大限活用するためにはラメラ境界を凝固方向に平行に揃えなければならず，そのためにはα相の(0001)面を凝固方向に平行に揃える必要がある．β相はbcc構造で優先結晶成長方向は[001]，bcc相からhcp相が一定の結晶方位関係を持って析出するとすれば，バーガースの方位関係として知られる，たとえば

$$(110)//(0001),\quad [\bar{1}10]//[11\bar{2}0] \tag{9.4}$$

に従うと考えられる．この関係に従えば，[001]方位に成長したβ相の{110}には凝固方向と平行でない{110}が含まれ，すべてのラメラ境界が凝固方向に平行に揃うとは限らない．もし合金組成がP点よりAl側であれば，初晶はα相であるが，その優先結晶成長方向は[0001]でラメラ境界が凝固方向と垂直になり，$\phi=90°$のPST結晶と同様の凝固方向に全く延性のないインゴットになってしまう．TiAl基合金のラメラ組織方位を一方向凝固によって制御するには，このような困難を克服し強制的にラメラ境界を凝固方向に平行に揃えるための種付けのプロセスが必要である．

　結晶育成の分野では，しばしば種結晶を用いてそれと同じ結晶方位の大きな単結晶を育成する．もしラメラ方位を種付けできる種結晶が得られれば，結晶育成の技術，たとえば浮遊帯域溶融法を用いてTiAl基合金のラメラ方位を制

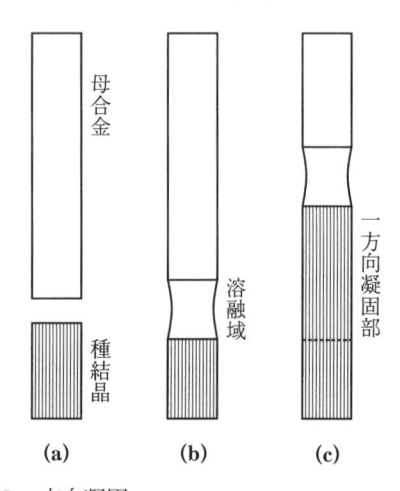

図 9.23 TiAl 基合金の一方向凝固.
（a）母合金と種結晶の配置，（b）両者を一部溶解して溶融域を作る，（c）溶融域を母合金側に移動し種結晶と同じラメラ方位のインゴットを作る．

御できるはずである．この場合のプロセスイメージを図示すれば図9.23のようになる．種結晶が以下の条件を満足すれば，少なくともα初晶の合金のラメラ方位を図9.23のように制御できる．

(1) 昇温と共にα相の体積率が増加するが（図9.7），新たな方位を持ったα粒が発生することなく，図9.24(a)のようにラメラ組織状態を保ちつつα相が増え，α単相域に入る．

(2) 初晶がα相であり，α相が液相と平衡する．すなわち2元系なら図9.7のP点よりAl過剰組成である．

β初晶組成の合金でも，種結晶と合金の一部が溶解することによって溶融帯が形成されたとき，β相を生ずる包晶反応が抑制され，図9.24(b)の点線で示すようにα初晶型の凝固が継続すればラメラ組織の方位制御が可能である．実用合金として開発されたTiAl基合金はほとんどβ初晶組成の合金であるから，この条件は重要である．Ti-43 Al-3 Si（at%）合金はα初晶合金でα初晶合金用の種結晶合金として開発されたが，Siはα相形成傾向が強くβ相を生ずる包晶反応を抑制するのでβ初晶合金用の種結晶としても利用できる．

9.2 TiAl 基合金

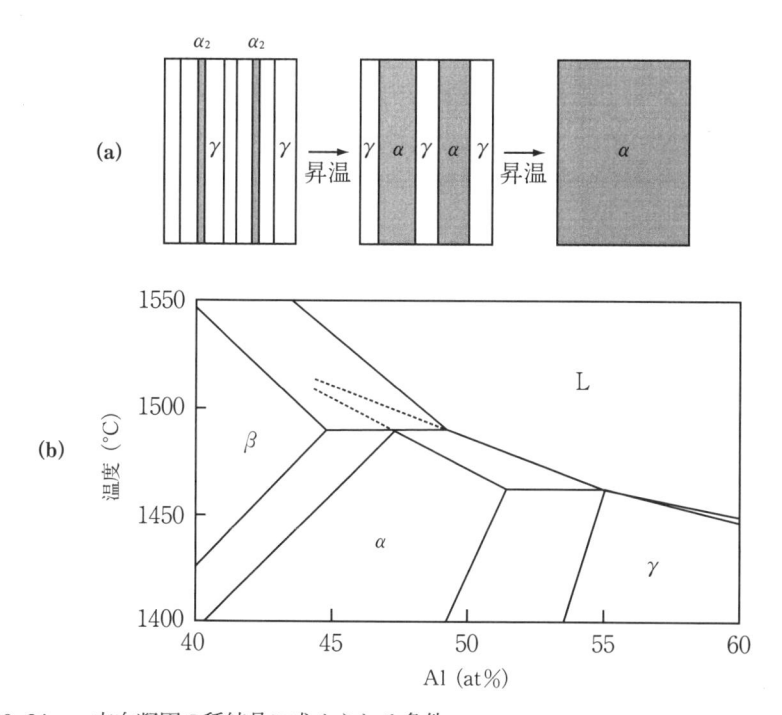

図 9.24 一方向凝固の種結晶に求められる条件.
(a) ラメラ組織状態のまま α_2 相が α 相に変態し α 相の体積率が増加する,
(b) 種結晶の α 初晶凝固が継続する.

さらに,原因は未だ明らかではないが,Ti-43 Al-3 Si (at%) 合金に含まれる Si がラメラ組織の熱安定性を向上させ,種結晶に求められる (1) の条件を満たすために有効である.

実際に TiAl 基合金の一方向凝固インゴットを得るには,普通に凝固した Ti-43 Al-3 Si (at%) 合金インゴットから切り出した大きなラメラ組織粒を種結晶として用い,図 9.23 のように一方向凝固すれば,図 9.25 のようなインゴットが得られる.基本的には PST 結晶と同じであるが,ラメラ組織にサブバウンダリーが入る.これは,PST 結晶がは 5 mm/h 程度の結晶成長速度で固/液界面を平坦に保ちつつ育成されるに対し,一方向凝固の結晶成長速度は

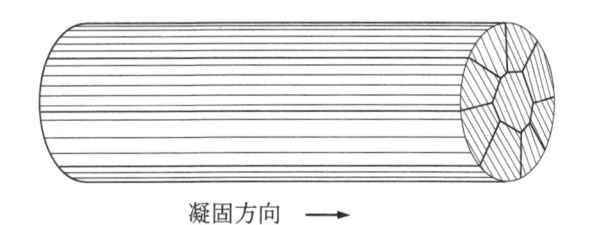

図 9.25　一方向凝固インゴットの模式図.

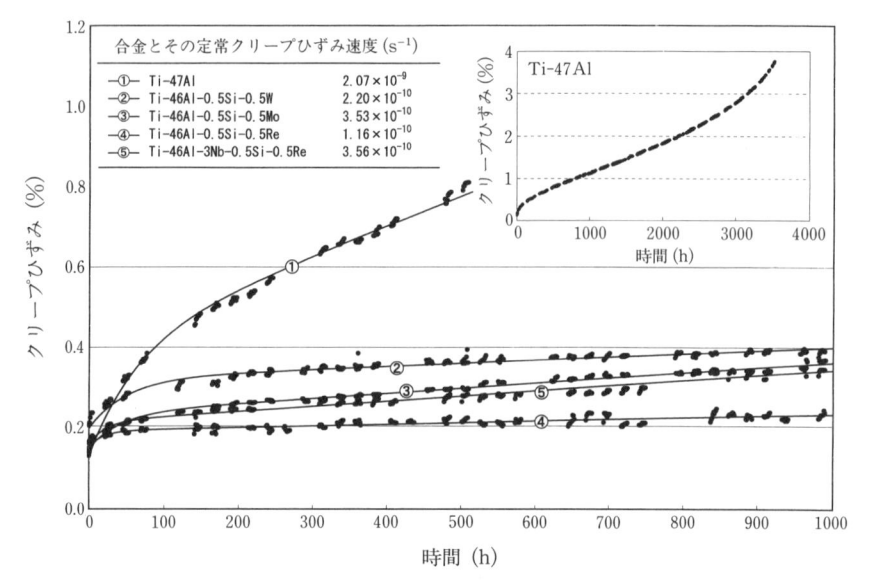

図 9.26　一方向凝固した TiAl 基合金のクリープ曲線[55].

10 mm/h 以上と速く，樹枝状晶の形成を伴いつつ成長するためである．

図 9.26 は，このようにして得られた 5 種類の一方向凝固 TiAl 基合金（すべて β 初晶組成）のクリープ曲線を示している．240 MPa の荷重をかけ 750°C に保持したとき，どれだけクリープするかクリープ量をひずみで表してある．したがってクリープ曲線が下にくるほどクリープ特性に優れている．多量の合金元素を添加し高強度が得られるよう設計された TiAl 基合金でも，その耐クリープ性は多結晶状態では一方向凝固された Ti-47 Al (at%) 合金よ

り劣るかせいぜい同程度である．このことからもラメラ組織の異方性を活用することの重要性が理解できる．さらに高融点遷移金属とSiを合計1 at%添加することによってそのクリープ強度が飛躍的に向上することもわかる．これら一方向凝固材は450〜650 MPaの降伏応力，数%から10%を越える常温引張延性を示し，機械的性質のバランスもよい．このようにTiAl基合金の一方向凝固技術には大きな可能性が秘められているが，実用規模に発展させるためにはさらなる研究が必要である．この方面に興味のある読者向けに，一方向凝固法の今後の課題，一方向凝固に適したTiAl基合金の設計指針等に関する参考文献[54,55]をあげる．

9.2.4 TiAl基合金の耐酸化性

TiAl基合金の耐酸化性はTi合金に比較すればはるかに優れているが，スーパーアロイに比較すれば劣っている（図9.27）．9.1.3項で述べた指標的なスーパーアロイInconel-713Cと同程度の耐酸化性を付与することが求められる．大気中でTiAl基合金を加熱すると800℃程度から酸化が激しくなり，表面にTiO_2層，その下にTiO_2とAl_2O_3の混合層が生成する（図9.28）．共に緻密な層ではなく酸素の透過を妨げないため酸化層はどんどん成長し，ついには表面から剥離しさらに酸化が急激に進行する．このような酸化を抑制するには，緻密で酸素透過を阻害するAl_2O_3層の形成を促進する工夫が必要である．

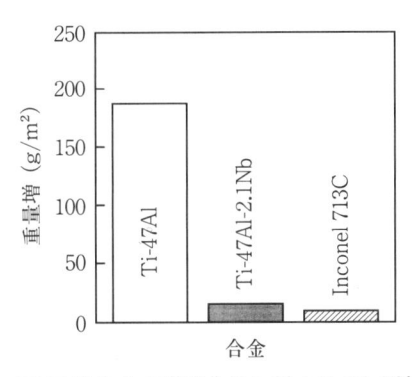

図9.27 TiAl基合金の耐酸化性に対するNb添加効果．

合金元素の添加が1つの方法で，2 at%以上の Nb 添加が有効である（図 9.27）．Nb 添加によって緻密な Al_2O_3 層の形成が促進され耐酸化性が向上するが，そのメカニズムは必ずしもよくわかっていない．しかし前処理なしに Inconel-713 C と同程度の耐酸化性を保証する合金元素として Nb は TiAl 基合金にとって必須の合金元素である．

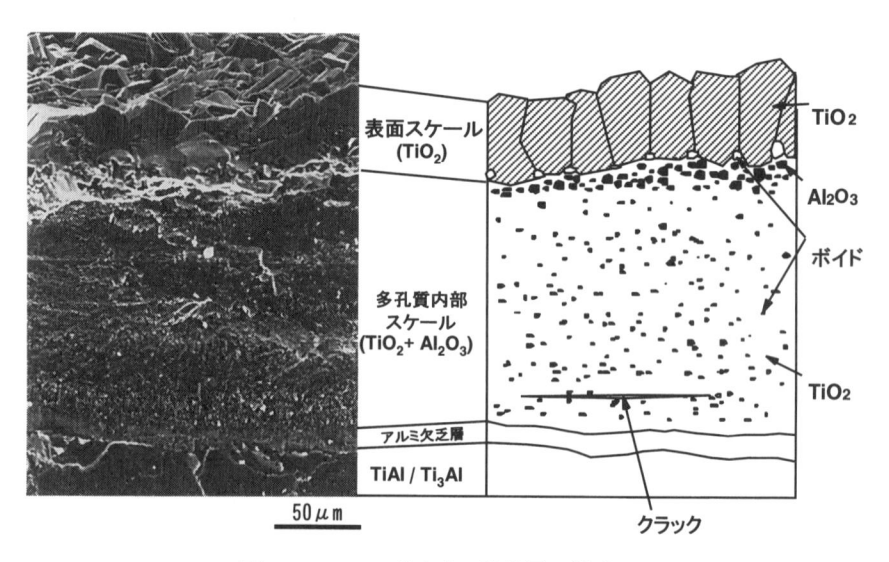

図 9.28 TiAl 基合金の酸化層の構成[56].

Ti より Al の方がはるかに酸化されやすい金属であるから，低酸素分圧で TiAl 基合金を酸化すると Al だけが酸化され表面に Al_2O_3 層が形成される．必要な層厚の Al_2O_3 層をあらかじめ形成しておけば TiAl 基合金の耐酸化性を保つことができる．低酸素分圧下で加熱する方法もあるが，工業的に巧妙な方法が提案されている．アルゴンガス中に WO_3 を主とする粉末を流動させその中で TiAl 基合金を加熱すると WO_3 の分解生成平衡反応によって TiAl 基合金表面に一定の低酸素分圧雰囲気が発生し同時に連続的に酸素が供給される．このような処理によって TiAl 基合金表面に効率よく緻密な Al_2O_3 層を形成できることが知られている[56,57]．汎用のショットブラスト装置を用い，圧縮空気

によって WO_3 粉末を室温の TiAl 基合金に吹き付けても，その後の大気中加熱によって緻密な Al_2O_3 層が形成され，耐酸化性が向上する[56,57]．今後，Nb 添加と共に用途に応じてこのような耐酸化コーティングも利用されると考えられる．

10章

金属間化合物の環境脆性

10.1 粒界破壊

　第5章では，どのようなすべり系が存在するのか？　すべりを担う転位は容易に運動できるか？　結晶内にクラックが発生したとき，クラック先端を鈍化させる転位発生がおこり得るか？　を議論することによって，金属間化合物の脆さを大づかみすることを試みた．このような議論では，金属間化合物の結晶そのもの，言い換えれば多結晶の個々の結晶粒あるいは単結晶を対象としていて，ここで延性を期待できる化合物であるという検討結果が出れば，その金属間化合物の結晶には延性が期待できるということになる．このような議論に従えば Ni_3Al は塑性変形可能な典型的な金属間化合物の1つである．確かに単結晶 Ni_3Al は引張延性を示す．しかし，普通に溶解し凝固した多結晶 Ni_3Al

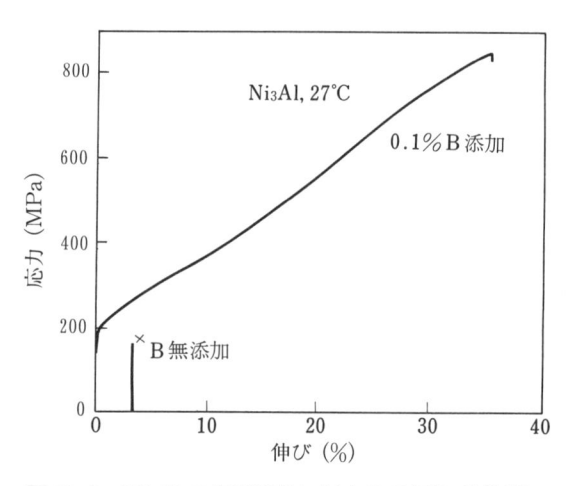

図 10.1　Ni_3Al の室温延性に対する B 添加効果[58]．

を引張試験すると図10.1のようにほとんど伸びを示さない．それは結晶粒界が脆弱で，粒内の変形が始まる以前に粒界が破壊してしまうからである．言い換えれば，粒内に変形能があって応力を支える能力があるゆえに粒界が先に破壊するのである．したがって，粒内のへき開によって破断する全く延性が期待できない金属間化合物に比較すれば，その多結晶延性の改良には大きな可能性が残っていると考えてよい．事実，Ni_3Al に B を 0.02〜0.1 mass％添加することによって粒界破壊が抑制され，図10.1のように多結晶 Ni_3Al の延性が顕著に改善される[58,59]．図10.2(a)，(b)はそれぞれ B 無添加 Ni_3Al（24 at％Al），0.1 mass％B 添加 Ni_3Al（24 at％Al）の試片を大気中で引張試験し，観察された破面を示している[59]．B 無添加試料は粒界で破壊しているため，破面に結晶粒の形状が明瞭に現れているに対し，B 添加試料の破面は明らかに粒内で破壊がおこったことを示している．ほぼ50％の引張伸びを示した B 添加試料の破面を詳しく観察すると，個々の破壊面は引張軸に対しほぼ45°をなしていて，破壊が最大せん断応力面でおこったことを示している[59]．常識的には，B の粒界偏析によって Ni_3Al の粒界凝集力が向上したためと考えてよさそうだが，問題はそれほど単純ではなく，この B 添加効果は化学量論組成よ

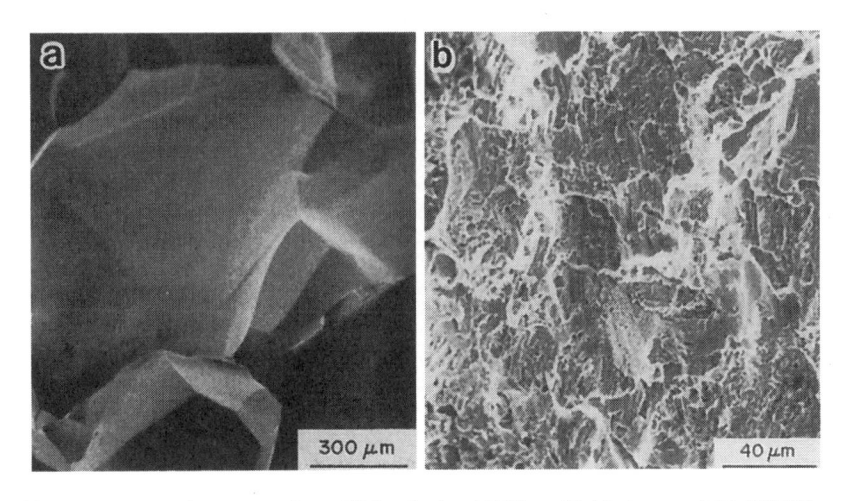

図10.2　Ni_3Al（24 at％Al）の破面．(a)B 無添加，(b)0.1 mass％B 添加[59]．

り Ni 過剰側組成の Ni_3Al 化合物にのみ顕著に現れるうえに，次に説明する環境脆性とも密接に関連していることがわかっている．

10.2 環 境 脆 性

金属間化合物を水蒸気を含む環境下で引張試験すると延性が著しく低下する現象を環境脆性（environmental brittleness）とよんでいる．塑性変形可能な金属間化合物に現れる現象である．この脆化現象は，金属間化合物を構成する Al, Si, Ti 等の酸素と親和力の強い元素と金属間化合物の表面に吸着した H_2O 分子の反応によって水素が発生し，この水素の侵入によっておこると考えられている．金属間化合物は普通の金属材料と異なり本来変形が難しく破壊しやすい，換言すれば破壊に対する感受性の強い素材であるから，普通の金属材料よりはるかに水素脆性に対する感受性が強い．したがって，普通の金属材料では問題にならない水蒸気量でも環境脆化することに注意しなければならない．環境脆化の程度は，真空中もしくは金属間化合物表面の活性元素を酸化し不活性な表面を形成すると期待できる酸素雰囲気中で室温引張試験を行い，その引張伸びを大気中で行った試験結果と比較することによって判定される．Al, Si, Ti 等を構成元素とする金属間化合物の多くは程度の差こそあれ環境脆化するが，Ni_3Al はその中でも顕著な環境脆化を示す金属間化合物である．

たとえば，Ni_3Al（24 at%Al）の大気中と酸素中の室温引張試験の結果によれば，引張伸びはそれぞれ 2.5%，7.0% 程度で環境脆化が認められ，破壊形態も酸素中では粒内破壊の割合が増加している．一方，図 10.2 の結果から類推できるように，B 添加 Ni_3Al は環境脆化を示さない．B を 0.05〜0.1 mass% 添加した Ni_3Al（24 at%Al）を大気中と真空中で引張試験し，その引張伸びが雰囲気によって変化しないことが実験的に確認されている[60]．このことから，B には Ni_3Al の環境脆性に対する感受性を顕著に低減する働きがあることがわかる．B によって結晶粒界等の水素の進入経路がブロックされている可能性もあって（ただし，そのメカニズムはほとんど不明であるが），前節で述べたように単純に B 添加によって粒界凝集力が向上したと結論できな

10.2 環境脆性

いのである．しかも，Bとは化学的性質も原子サイズも異なるBe, Hf, Zrにも粒界強化効果と環境脆性低減効果が認められている[60,61]．残念ながら，金属間化合物の粒界や破壊に関する理解は，複雑なB添加効果や環境脆性を明快に説明できる段階には至っていないといわざるを得ない．

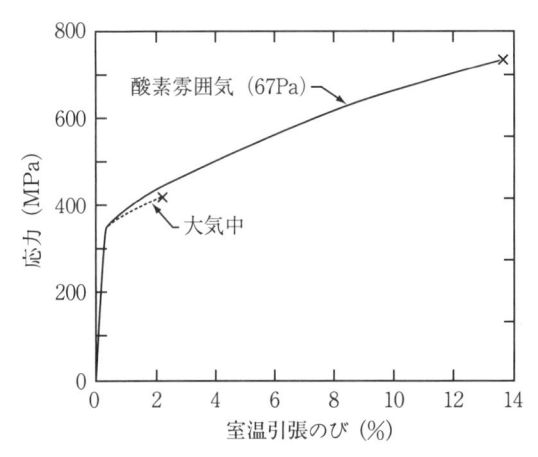

図10.3 FeAl (36.5 at%Al) の環境脆性[62]．

L1$_2$型化合物の場合，環境脆性と粒界破壊が密接に関連していることが多いが，bcc構造を基礎とするたとえばB2型化合物では，粒界よりむしろ粒内の破壊機構が環境に対する高い感受性を持っていると考えられる場合もある．たとえば，化学量論組成から大きくずれているが依然B2型であるFeAl化合物 (Fe-36.5 at%Al) の場合，図10.3に示すように大気中と酸素中では観察される引張伸びに大きな差があり，破壊形態もそれぞれ粒内破壊，粒界破壊と異なっている (図10.4[62])．水素ガスを含む乾燥雰囲気でも引張試験されているが，水蒸気を含む雰囲気での引張伸びが最も小さく脆化の原因は水蒸気由来の水素である．粒内の環境脆化が押さえられると，粒内の破壊応力が向上し粒界破壊がおこると考えられているが，脆化のメカニズムは不明である．

このように，金属間化合物の環境脆性に関する理解はいまだ定性的な域を出ていないが，金属間化合物を実際に加工あるいは用いるとき重大な障害となる可能性がある．金属間化合物の環境脆性に関する詳しい実験結果等を知るに

は，巻末にあげた解説[63]が参考になる．

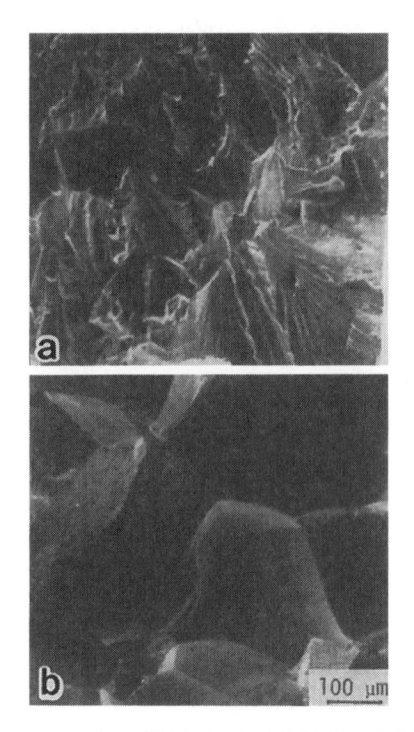

図10.4 FeAl (36.5 at%Al) の破面[62]．（a）大気中，（b）酸素雰囲気 (67 Pa)．

11章

高融点金属のシリサイド―超高温材料としての可能性―

スーパーアロイに液相が出現する温度はその組成に依存するが1250〜1300°Cの範囲にある．したがって実際に使用可能な温度は1000°Cを大きく越えることはあり得ない．ガスタービンの高温部に用いられるスーパーアロイ製の静翼や動翼には精緻な冷却孔が作り込まれ，燃焼に必要な空気の一部を流すことによって冷却されている．もし1000°Cを越える温度で使用可能な材料があれば，タービンの構造ははるかに簡単ものになって熱効率も向上すると考えられる．Mo，Nb等の高融点金属の合金はアルゴンガス中あるいは真空中では1000°Cを越えて十分強度を有し，たとえば鍛造用の型（ダイ）として用いられている．しかし空気中では酸化損耗が激しく使用できない．そこでこれら高融点金属に耐酸化コーティングを施すことが試みられた．特に，高温大気中で表面に均一なSiO_2層を形成し耐酸化性を発揮する$MoSi_2$をMo合金のコーティング材として用いるための研究開発が集中的に行われた．たとえば，Siの拡散浸透によってMo合金表面に$MoSi_2$コーティング層を形成すれば短時間であればMo合金を1200°C以上でも使用できる．しかし，（1）$MoSi_2$の熱膨張率がMo合金のそれより大きく（約1250°Cまで温度に関係なく約$2.5×10^{-6}$/°Cの差がある），この熱膨張率の差に起因して昇降温時にコーティング層にクラックが発生する，（2）Siの消耗と拡散によって$MoSi_2$が徐々に耐酸化性の乏しいMo_5Si_3に変化する等の理由により長時間の使用は不可能である．

一方，高融点金属のシリサイドをコーティング材としてではなく，高温構造材料そのものとして用いるための研究も行われた．その結果，シリサイドの物性理解が急速に深まることにはなったが，いまだ高融点金属シリサイドをベースとする超高温材料の開発には至っていない．高融点金属シリサイドは，SiCやSi_3N_4のようなセラミックスに比して高融点金属に近い性質を持っているため，（1）熱伝導性がよい，（2）電気伝導性がよく放電加工法により加工でき

る，(3)安価である，等の利点がある反面，(1)高温で変形能があるため，1000°Cを越えると急激にクリープ強度が低下する，(2)熱膨張率が大きい，(3)500〜700°Cの中温域の酸化により粉体化することがある（ペストとよばれる）等の重大な欠点もある．優れた高温耐酸化性と高融点金属に近い電気伝導性，熱伝導性，高温での塑性変形能を生かしきる利用法が見いだされていないため，金属とセラミックスの中間的存在であることの負の側面，たとえば"低

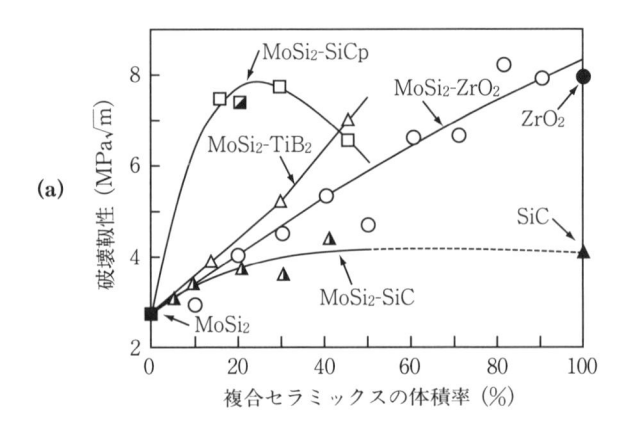

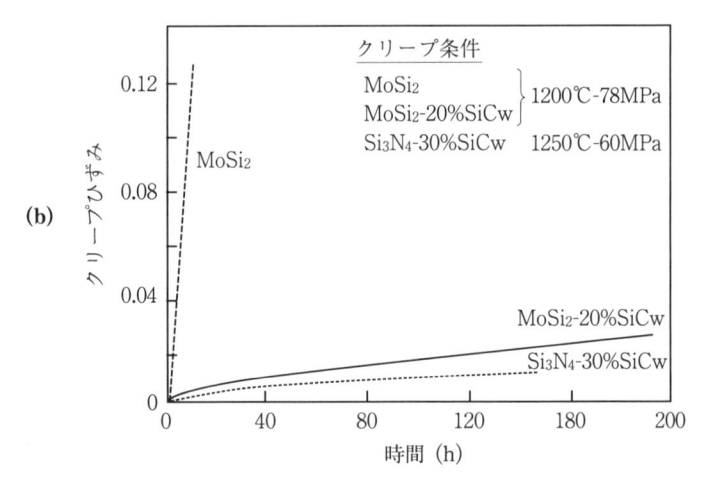

図 11.1 セラミックスを複合した $MoSi_2$ の(a)破壊靱性と(b)クリープ挙動[64]．添字の p, w はそれぞれ粒子，ウイスカーを示す．

温ではセラミックスのように脆いが，高温では金属のようにクリープ強度を失ってしまう"ことが強調されがちである．$MoSi_2$は炉の発熱体として用いられているが，長時間使用すると発熱体が変形して垂れてくるのを経験された読者も多いと思う．$MoSi_2$のクリープ強度のなさの証拠である．

500〜700℃で$MoSi_2$を酸化すると粒界でMoO_3やSiO_2が生成し，そのとき生ずる体積膨張によってペスト現象が生ずると考えられている．$MoSi_2$バルク材は$MoSi_2$粉末を焼結することによって製造されるが，密度が真密度の98％以上になるよう十分焼結することによって粒界の優先酸化が抑制されペストを予防できる．しかし，破壊靭性とクリープ強度で競合するセラミックスを大きく凌駕するには至っていない．この問題の解決には$MoSi_2$とセラミックスの複合化が有望であるが，結果は図11.1(a)，(b)に示す通りである．図の出典は1992年の解説[64]であるが，状況は現在もほぼ同じである．要するに$MoSi_2$を高温材料として用いることの積極的な理由が見当たらないのである．この"帯に短し，たすきに長し"状態を打ち破ることは当分困難ではないかと思う．最近になって，$MoSi_2$（融点：2030℃）より高融点で高温強度に優れたMo_5Si_3（融点：2160℃）に注目し，その耐酸化性を$MoSi_2$並に改良しようという試みが行われた．もちろん実用化への道ははるかに遠いと思われるが，基礎研究として興味ある結果が得られている．どこかで高融点金属のシリサイドの新たな地平を切り開く新たな視点が芽生えることを期待して，$MoSi_2$とMo_5Si_3系化合物の基礎研究結果のいくつかを以下にまとめる．

11.1 $MoSi_2$単結晶の変形と異方性

図11.2は$MoSi_2$の結晶構造（$C11_b$構造）と活動するすべり系（すべり面とすべり方向）を示している．bcc格子を3個積み重ね，これを少し押しつぶしてできる格子に，図のようにMoとSiを配すれば$MoSi_2$の正方晶の単位胞ができあがる．すべり系のミラー指数はこの正方晶単位胞に基づいている．すべり系は全て単結晶の圧縮変形によって確認されたもので，単結晶といえど引張では破壊が先行し塑性変形しない．{013}⟨331⟩は基本のbcc格子に基づけ

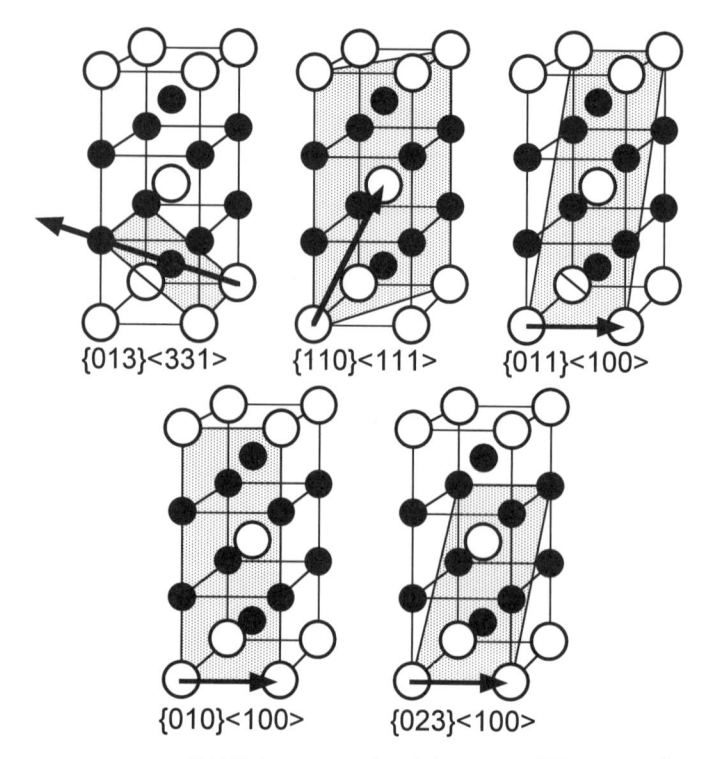

図 11.2 MoSi₂ の結晶構造とすべり系.白丸は Mo,黒丸は Si である.

ば{011}⟨111⟩となり,bcc 結晶の最も普遍的なすべり系に対応している.5 種類のすべり系のうち,このすべり系のみ c 軸方向のひずみを出すことができる[65].しかし,このすべり系の臨界せん断応力に顕著な結晶方位依存性があり,c 軸方向に圧縮してこのすべり系を活動させようとすると非常に大きな応力が必要になる.したがって c 軸圧縮による塑性変形は 1000℃以上になってはじめて可能になる.c 軸方位に限ればクリープ強度も図 11.1(b)の MoSi₂/SiC よりはるかに高い.定常クリープ状態(クリープ曲線が直線状になった状態)のクリープ速度(クリープひずみの時間微分)を他の材料と比較すれば明らかである(図 11.3[66]).一方,c 軸から離れた方位の圧縮では,{013}⟨331⟩すべりの臨界せん断応力が小さくなり,室温付近でも活動する.すなわち室温

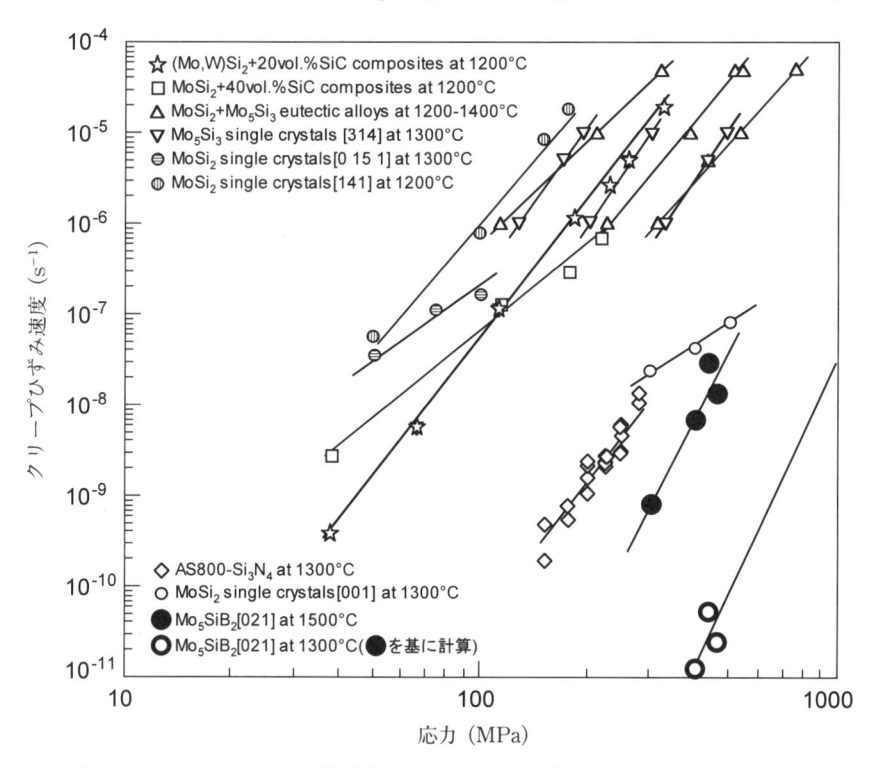

11.1 MoSi$_2$ 単結晶の変形と異方性　　　　121

図11.3　MoSi$_2$ ならびに関連物質のクリープひずみ速度の応力依存性[66].

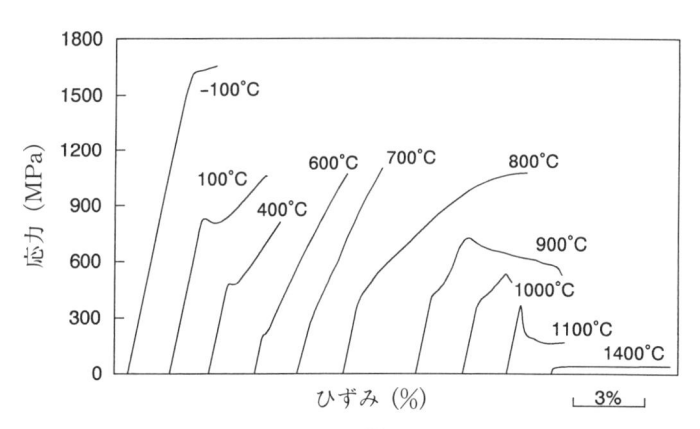

図11.4　MoSi$_2$ 単結晶（圧縮方位[$\bar{1}$10]）の応力-ひずみ曲線[67].

付近でも塑性変形する．{011}〈100〉すべりは液体窒素温度でも活動でき，このすべり系の活動に有利な[$\bar{1}$10]方向に圧縮すれば図11.4のように液体窒素温度でも塑性変形する[67]．このように$MoSi_2$の結晶塑性には激しい結晶方位異方性がある．極めて興味深い実験事実であるが，どのような実用性があるのか？この問いに対する解答は出ていない．Moを含むIVa, Va, VIa族遷移金属のシリサイド，中でも$MoSi_2$と同じダイシリサイド（2珪化物）は一般に耐酸化性に優れているが，$MoSi_2$を超えるほどの耐酸化性を有するものはない．

11.2 Mo_5SiB_2 単結晶の変形

Mo_5Si_3は$MoSi_2$より高温強度に優れているが，耐酸化性のあるSiO_2が化合物表面を均一に覆うように生成しないため耐酸化性に劣る．600°C程度でMoとSiの酸化物からなるポーラスな酸化スケールが形成され，さらに温度が上昇するとMo酸化物がMoO_3となって昇華するためである．このような酸化挙動を改善するためB添加が有効である．少量のBをMo_5Si_3に添加すると酸化スケールの流動性が高まり，MoO_3が昇華したあとの孔がふさがれ表面に耐酸化性のあるボロシリケート膜が形成されるからである[68]．このようなBの効果を積極的に利用するためBを含む3元化合物Mo_5SiB_2（Mo-Si-B系3元状態図のT_2相）の利用が考えられた．Mo_5Si_3（$D8_m$構造）と同じく単位胞に32個の原子を含む複雑な正方晶の結晶構造（$D8_1$構造）を持っている．状態図的に注目される点は，T_2相はMo_5Si_3ともMoとも平衡し得ることである（図11.5[69]）．$MoSi_2$とMoの組み合わせでは両者が平衡関係にないため$MoSi_2$がよりMoの多い化合物相に変化する問題があったが，MoとT_2相の組み合わせは少なくとも熱力学的には安定である．したがって引張変形可能なMoとの複合材料の作成が原理的には可能である．

T_2相の多結晶は，$MoSi_2$多結晶と同様大変脆い物質である．$MoSi_2$に比較すればはるかに変形困難な物質であるが，単結晶の圧縮方位を選べば1500°Cですべりによって塑性変形する[66]．クリープ強度も図11.3に示すように，Si_3N_4系セラミックスより優れている．

11.2 Mo$_5$SiB$_2$ 単結晶の変形

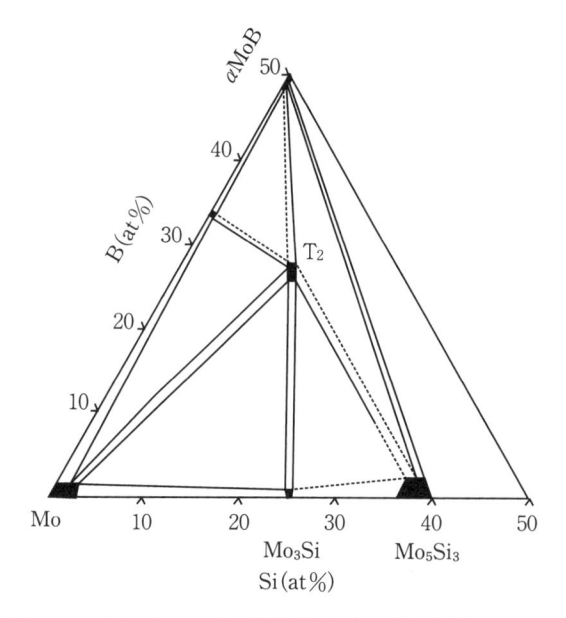

図 11.5 Mo-Si-B 系 3 元状態図（T$_2$ 相の近傍）[69].

Nb-S-B 系にも B を含む化合物 Nb$_{14}$Si$_3$B$_3$ と Nb$_5$Si$_3$B$_2$ が存在するが共に耐酸化性はない．Nb-Si-Al 系には Al$_2$O$_3$ 酸化皮膜を形成する Nb$_3$Si$_5$Al$_2$ 化合物が知られている[70]．

12章

金属間化合物の実用化

　機械構造物の設計者あるいはユーザーは新しい材料の採用に非常に慎重である．新しい材料が優れていることを理解していても容易なことでは新しい材料を採用しない．実際の材料が使用中に経験する実環境は常に変動するうえ，突発的な高応力，高温に曝される危険もある．これまで長年使用されてきた実績のある材料はこのような試練に耐えているわけで，設計者やユーザーはどのように使いこなすべきかよく心得ている．一方，いかに実証試験をクリアしたといっても新しい材料にはこのような経験が積み重なっていない．しかも，機械構造部品，特にタービン部品などが破損すれば重大な事故につながる可能性がある．機械構造物の設計者あるいはユーザーが材料に関して保守的であるのは当然なのである．最近の約10年間に金属間化合物の研究は確かに躍進したが，構造材料，特にエンジンの高温部材への進出は材料側の研究者が期待するほどには進展していない．"金属間化合物は普通の金属・合金に比して脆い材料であるが，この脆さを抱え込んででも，利用するに値する優れた特性がある"ことに対する設計者とユーザーの理解を勝ち取るにはやはり時間がかかる．本章では，実用化が進展しつつある金属間化合物の例をあげて金属間化合物の実用化の現状を説明する．

　Ni-Al系のγ'相と少量のγ相からなるNi_3Al基合金は耐浸炭性に優れ，浸炭が起こりやすい雰囲気中での加熱冷却サイクルに耐えることができる．この特性を生かした用途，たとえば図12.1のような熱処理炉の架台等に用いられ始めている[71]．しかし，広範なニーズをカバーできる合金体系を有するスーパーアロイに対抗して，Ni_3Al基合金の優位性を確立することは容易なことではない．この難しさがこの材料の用途の拡大を阻んでいる．

　FeAl基合金は安価であるうえ，600℃以下であれば強度，耐酸化性，耐硫化腐食性に優れている．この特性を生かすべく，石炭ガス化炉等々いくつかの

図 12.1 Ni$_3$Al 基合金の熱処理炉架台[71].

構造用用途への応用が試みられたが，未だ成功例は報告されていない．しかし，構造用ステンレス鋼の安価な代替材料としての可能性は高い．特に，保護皮膜が Al$_2$O$_3$ であることに注目する新たな用途が見いだされれば面白い．また FeAl は耐食性があるうえ Ni, Cr を含んでいないので生体材料としても期待できる．次に生体と接触する器具に用いられた電気抵抗が高くしかも耐酸化性のある Fe-40 at%Al（B2 型 FeAl 化合物）ヒーターの例をあげる．Fe-40 at%Al 粉末をロールしながら押し固め，冷間圧延と 1100℃以上での中間焼鈍を巧みに組み合わせ 0.2 mm の薄板にし，打ち抜きによって図 12.2 のようなヒーターエレメントが作られている[72]．このヒーターエレメントはデジタル制御機能を持った高級パイプに用いられている．この B2 型 FeAl 化合物を冷間圧延するにあたり，多量に生成する原子空孔による硬化や環境脆化を回避し，また中間焼鈍中の再結晶過程を制御するために，FeAl に関する基礎研究の成果が大いに役立ったといわれている．この薄板材は 20 μm 程度の細粒組織を持っていて，5%の室温延性がある．ヒーターエレメント以外の用途も探索されている．

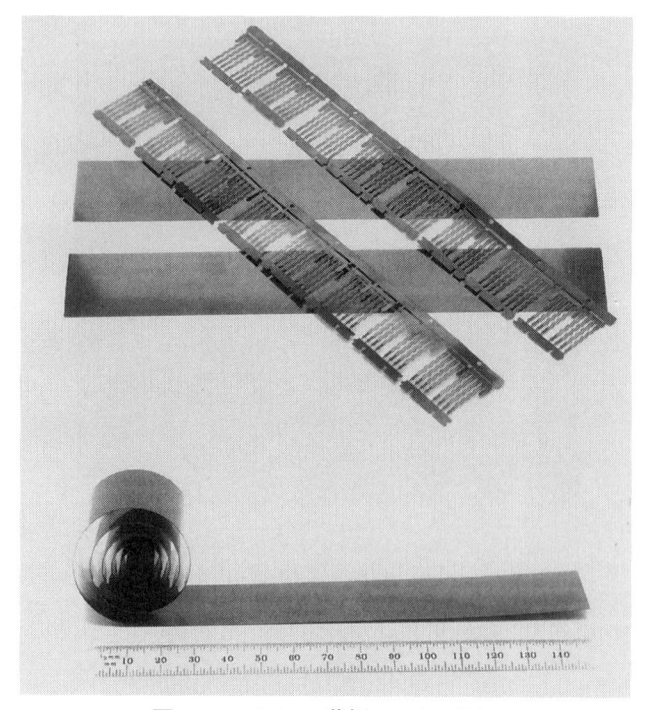

図 12.2　FeAl の薄板ヒーター[72].

　TiAl 基合金の実用化研究は 1960 年頃から始まり，その軽量性，高比強度，高比剛性，耐酸化性を生かすための用途を中心に研究され現在に至っている．1994 年 9 月，GE 社による航空機エンジン低圧タービン翼への応用の試みが公開され大きな反響をよんだ．技術的問題はほぼ解決されているといわれているが，近々実際に用いられるかどうかは不明である．自動車用 TiAl 排気バルブ（図 12.3(a)）も，航空機エンジン用低圧タービン翼と同じく，性能的には従来材を十分に凌駕するが，残念ながら現在のところ価格の面で従来材のバルブに対抗できない．レーシングカーには広く用いられているが一般の市販車への搭載はまだ報告されていない．

　一方，TiAl 基合金の自動車用ターボチャージャーローター（図 12.3(b)）は，1999 年スポーツカータイプの市販車に搭載され実用段階に入り[73]，生産

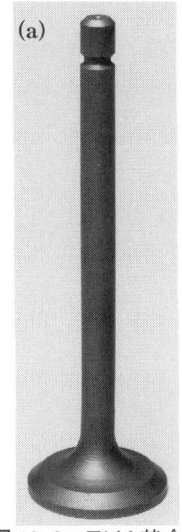

図12.3 TiAl基合金の製品．（a）排気バルブ（フェイス27.3mmϕ，ステム6.5mmϕ，全長91.5mm），（b）ターボチャージャーローター[73]．

量が年々増加している．TiAl排気バルブと比較しつつ，TiAlターボチャージャーローターの開発が成功した理由をまとめると以下のようになる．

（1）精密鋳造可能でターボチャージャーの性能を確保するに必要な精密形状を実現でき，軽量であるためローター回転数をより短時間で既定値まで上げることができる．したがって，ターボチャージャーをより有効に機能させることができ，少なくとも性能/コスト比では従来材を確実に凌駕し得る．

（2）ターボチャージャーローターの使用温度がTiAl基合金に適当である．すなわち，使用温度が同じ軽量材であるTi合金には高すぎ，セラミックスを用いるほど高くはない．

（3）排気バルブより高価格であるため，現在汎用されているInconel-713C製のローターとの価格差を詰める技術的余地がある．

（4）バルブの事故はエンジンに決定的なダメージを与えるが，ターボチャージャーの事故はエンジン出力を低下させてもエンジンそのものにはダメージを与えない．すなわち，バルブよりはるかにリスクの低い部品である．

高温構造材料としての金属間化合物の実用化に関する限り，このTiAl基合

金ターボチャージャーローター翼の成功が，この 10 年間の最大の出来事であった．しかも日本企業によって成し遂げられたことが，日本をこの方面の研究・開発の国際的トップランナーに押し上げることに大いに貢献した．さらに広範な車種に搭載されるためには，低コストで TiAl 基合金翼を生産するためのプロセスの開発が求められる．

付録 1
変形応力の温度依存性

結晶中を運動する転位は，その結晶に固有のパイエルスポテンシャルに起因する摩擦抵抗のほか，さまざまな抵抗を受ける．もし，変形温度(T)における熱振動のエネルギー($\sim kT$)が，転位が抵抗を乗り越えるために必要なエネルギーに比して小さ過ぎず，かつ転位が抵抗を乗り越えるために掃かねばならない面積が小さければ，$T>0\,\mathrm{K}$では転位が抵抗を乗り越えるとき，熱振動の助けを期待できる．すなわち，$T>0\,\mathrm{K}$における変形応力は，$T=0\,\mathrm{K}$におけるそれより小さくなり，一般に付図1.1のように，変形温度の上昇と共に低下する．ただし，ある温度に達すると，変形応力はほぼ一定となる領域が現れる．これは，転位運動に対する抵抗が，熱的助けを得て低下する部分と熱的助けでは乗り越え得ない（前述の2つの条件を満たさないタイプの）部分とから成り立っているからである．ここでは，それぞれの障害に起因して生じる変形応力をτ^*(thermal component of flow stress)，τ_μ(athermal component of flow stress)と表すことにする．τ_μは温度依存性があっても剛性率程度の温度依存性であることを意味している．以下，このτ^*の温度依存性をどのように書き表すことができるか，文献[付1]を参考に説明する．

いま，付図1.2に示すように，すべり面上で転位のバーガースベクトルに沿って働くせん断応力τ^*のもとで，x方向に運動する転位を考える．転位の長さlの部分が

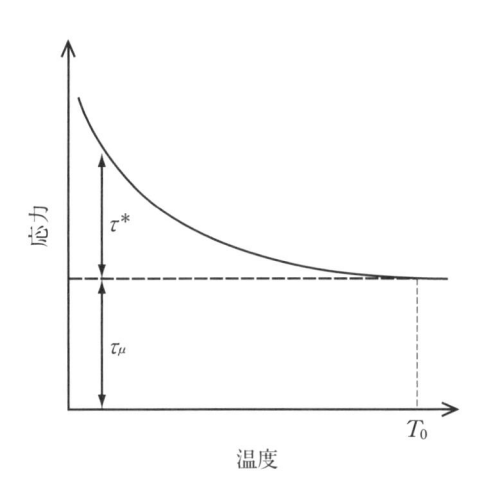

付図1.1　変形応力の温度依存性．

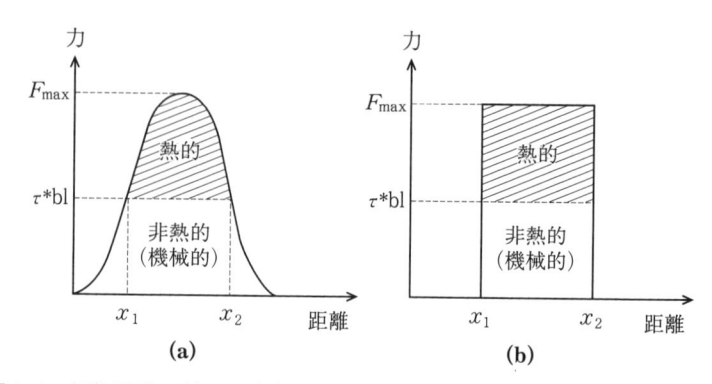

付図1.2 転位運動に対する障害（抵抗力と距離の関係）．（b）は（a）を簡略化したモデル．

障害を乗り越えると考えれば，この部分の転位はこの部分を押す力 τ^*bl によって付図1.2(a)の抵抗を乗り越えねばならない．b はバーガースベクトルの大きさである．$T=0\mathrm{K}$ では，$\tau^*bl > F_{\max}$ でなければ障害物を越えられず変形は進行しない．したがって $\tau^*bl = F(x_1)$ であれば，転位は x_1 の位置で止まる．さらに前進させるためには，x_2 の位置まで動かしてやらねばならない．このために要するエネルギーは，

$$H_0 = \int_{x_1}^{x_2} F(x)\mathrm{d}x \tag{付1.1}$$

である．このエネルギーのうち $\tau^*bl(x_1-x_2)$ は外力のなす仕事である．この外力の寄与を τ^*V^* で表し，V^* を活性化体積（activation volume）とよぶ．H_0 からこの外力の寄与を差し引いた分が熱的助けとして与えられねばならないエネルギー，すなわち変形の活性化エネルギーである．これを H で表すことにすれば，

$$H = H_0 - \tau^*V^* \tag{付1.2}$$

格子の熱振動によって転位が障害を乗り越える確率はボルツマン因子 $\exp(-H/kT)$ で与えられる．転位の振動数を ν とすれば，転位は1秒間に $\nu\exp(-H/kT)$ 回障害を乗り越えることができる．転位が障害を1回乗り越えるごとに d だけ前進するとすれば，転位速度 (v) は

$$v = d\nu\exp\left[-\frac{H}{kT}\right] \tag{付1.3}$$

となる．ここでひずみ速度 $\dot{\gamma}$ が $\dot{\gamma} = \rho bv$ によって与えられることを用いれば，

$$\dot{\gamma} = \rho bd\nu\exp\left[-\frac{H}{kT}\right] \tag{付1.4}$$

となる．ρ は転位密度である．ひずみ速度によって変形応力が変化するのは，H が変形応力の関数になっているからである．いま簡単のために，付図1.2(b)のような転位運動に対する抵抗を考えれば，

$$H = H_0 \left\{ 1 - \frac{\tau^*(T)}{\tau^*(0)} \right\}, \quad H_0 = F_{\max}(x_2 - x_1), \quad F_{\max} = \tau^*(0) bl \tag{付1.5}$$

$\rho b d \nu = A$ とおけば，

$$\frac{\tau^*(T)}{\tau^*(0)} = \frac{kT}{H_0} \ln\left(\frac{\dot{\gamma}}{A}\right) + 1 \tag{付1.6}$$

となる．ところで変形温度が高くなり，熱エネルギーが十分大きくなれば，熱エネルギーだけで転位が障害を乗り越えることができるようになるはずである．この温度を T_0 とすれば，

$$\tau^*(T_0) = 0 \tag{付1.7}$$

故に

$$T_0 = -\frac{H_0}{k \ln\left[\dfrac{\dot{\gamma}}{A}\right]} \tag{付1.8}$$

となる．この T_0 を用いて，(付1.6)式の $\tau^*(T)/\tau^*(0)$ を書き表せば，

$$\frac{\tau^*(T)}{\tau^*(0)} = \left[1 - \frac{T}{T_0} \right] \tag{付1.9}$$

を得る．これより付図1.3のような変形応力の温度依存性を導くことができる．実際には，付図1.2(a)のような $F(x)$ を付図1.2(b)のように単純化できず，変形の活

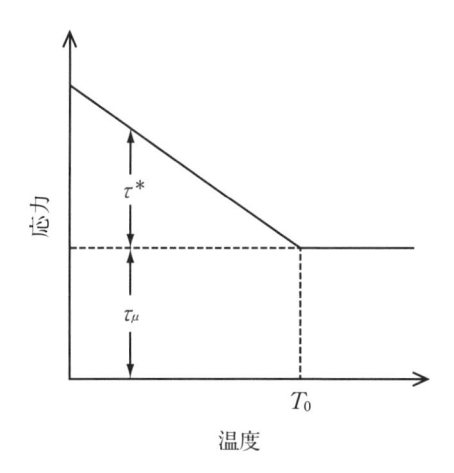

付図1.3 付図1.2(b)に対する変形応力の温度依存性．

性化エネルギーは

$$H = H_0 \left\{ 1 - \left[\frac{\tau^*(T)}{\tau^*(0)} \right]^p \right\}^q, \quad 0 \leq p \leq 1, \quad 1 \leq q \leq 2 \tag{付1.10}$$

のように表され，τ^* も付図1.3のように直線的に低下することはない．

参 考 文 献

付1. D. Hull and D. J. Bacon, Introduction to Dislocations, International Series on Materials Science and Technology Vol. 37, Pergamon Press (1984).

付録 2
ダブルキンクの形成エネルギーと T_0 の導出

(1) ダブルキンクの形成エネルギー

まず，付図2.1のようなキンクを形成する転位を考え，キンクのエネルギーを求める．転位の線張力を T とすれば，図の ds の部分のエネルギーは

$$\begin{aligned} T ds &= T\sqrt{dx^2 + dy^2} = T\sqrt{1 + \left[\frac{dy}{dx}\right]^2} dx \\ &\cong T\left[1 + \frac{1}{2}\left[\frac{dy}{dx}\right]^2\right] dx = T\left[1 + \frac{1}{2}P^2\right] dx, \quad P = \frac{dy}{dx} \end{aligned} \tag{付2.1}$$

である．線張力によるエネルギー増分は $TP^2/2$ であるから，図のようなキンクを形成している転位のエネルギー F は

$$F(y) = \int_{-\infty}^{\infty} \left\{ \frac{1}{2} TP^2 + V(y) - \sigma by \right\} dx \tag{付2.2}$$

となる．ただし σ は転位のバーガースベクトルに沿って xy 面上に働くせん断応力である．キンクの形状は $F(y)$ が最小になるように決まっているはずであり，$F(y)$ が最小になるのは，

$$T\frac{dP}{dx} = \frac{dV}{dy} - \sigma b \tag{付2.3}$$

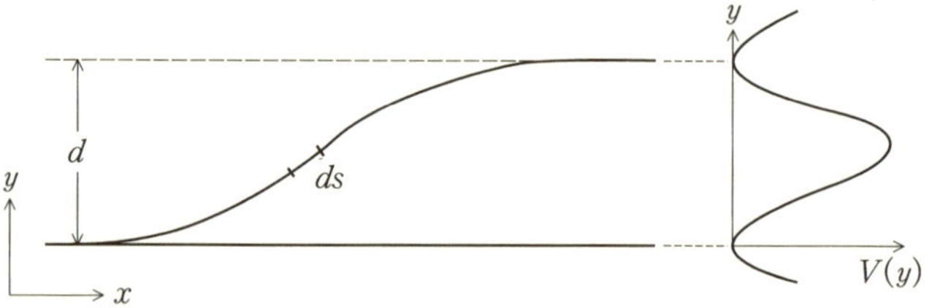

付図 2.1　キンクの形状とポテンシャル障壁．

付録2 ダブルキンクの形成エネルギーと T_0 の導出　　　133

が成り立つときである．変分法によれば，$\int_{x_1}^{x_2} f(x, y, y')\mathrm{d}x$ なる積分の極値を与える関数 y を停留関数とよび，停留関数が満足しなければならない微分方程式をオイラーの方程式という．このオイラーの方程式が

$$\frac{\mathrm{d}}{\mathrm{d}x}\left[\frac{\partial f}{\partial y'}\right]-\frac{\partial f}{\partial y}=0 \qquad (\text{付}2.4)$$

で表されることを利用している．さらに

$$\frac{\mathrm{d}P^2}{\mathrm{d}y}=\frac{\mathrm{d}P^2}{\mathrm{d}x}\frac{\mathrm{d}x}{\mathrm{d}y}=2P\frac{\mathrm{d}P}{\mathrm{d}x}\frac{1}{P}=2\frac{\mathrm{d}P}{\mathrm{d}x} \qquad (\text{付}2.5)$$

であることを用い，かつ $\sigma=0$ とすれば，次の微分方程式が成り立つ．

$$\frac{\mathrm{d}P^2}{\mathrm{d}y}=\frac{2}{T}\frac{\mathrm{d}V}{\mathrm{d}y} \qquad (\text{付}2.6)$$

これより

$$P^2=\frac{2}{T}V(y)+c \qquad (\text{付}2.7)$$

$x\to\pm\infty$ のとき，$P=0$ であり，このときの V の値を 0 とすれば，$c=0$ となる．したがって，(付2.2)式は

$$\begin{aligned}F(y)&=\int_{-\infty}^{\infty}\left\{\frac{T}{2}\left[\frac{2}{T}V(y)\right]+V(y)\right\}\mathrm{d}x\\&=\int_{-\infty}^{\infty}2V(y)\mathrm{d}x=\int_{0}^{d}2V(y)\left[\frac{\mathrm{d}x}{\mathrm{d}y}\right]\mathrm{d}y\\&=\int_{0}^{d}2V(y)\frac{\mathrm{d}y}{\sqrt{\frac{2}{T}V(y)}}=\sqrt{2T}\int_{0}^{d}\sqrt{V(y)}\mathrm{d}y\end{aligned} \qquad (\text{付}2.8)$$

ゆえにキンクのエネルギーは

$$\sqrt{2T}\int_{0}^{d}\sqrt{V(y)}\mathrm{d}y \qquad (\text{付}2.9)$$

のように与えられる．さらに $V(y)$ を単純に次式の周期関数（付図2.2）で仮定し，

$$V(y)=a\left[1-\cos\left[\frac{2\pi y}{d}\right]\right] \qquad (\text{付}2.10)$$

転位のパイエルス応力 τ_p を用いて以下のように a を決めれば，

$$\left[\frac{\mathrm{d}V(y)}{\mathrm{d}y}\right]_{\max}=\tau_\mathrm{p}b=a\frac{2\pi}{d}, \quad a=\frac{db\tau_\mathrm{p}}{2\pi} \qquad (\text{付}2.11)$$

$$V(y)=\left[\frac{db\tau_\mathrm{p}}{2\pi}\right]\left\{1-\cos\left[\frac{2\pi y}{d}\right]\right\} \qquad (\text{付}2.12)$$

のように $V(y)$ を書くことができる．ゆえにキンクのエネルギーは

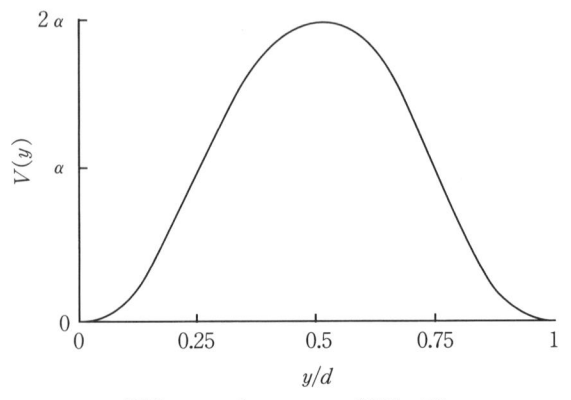

付図 2.2 ポテンシャル障壁の形.

$$\sqrt{\frac{dbT\tau_\mathrm{p}}{\pi}}\int_0^d \sqrt{1-\cos\left[\frac{2\pi y}{d}\right]}\mathrm{d}y \tag{付 2.13}$$

$\sin\dfrac{A}{2}=\sqrt{\dfrac{1-\cos A}{2}}$ であるから, (付 2.13)式は

$$=\sqrt{\frac{2dbT\tau_\mathrm{p}}{\pi}}\int_0^d \sin\left[\frac{\pi y}{d}\right]\mathrm{d}y=\sqrt{\frac{8Td^3 b\tau_\mathrm{p}}{\pi^3}} \tag{付 2.14}$$

$T=\mu b^2/2$ とすれば, キンクのエネルギーを次のように書くことができる.

$$\mu b^3\sqrt{\frac{4}{\pi^3}\left[\frac{d}{b}\right]^{3/2}}\sqrt{\frac{\tau_\mathrm{p}}{\mu}} \tag{付 2.15}$$

$d\cong b$ であれば

$$0.36\mu b^3\sqrt{\frac{\tau_\mathrm{p}}{\mu}} \tag{付 2.16}$$

となる.

(2) T_0 の導出

転位がダブルキンク (図 5.5) を形成しながら熱活性化過程によってパイエルスポテンシャルを乗り越える場合を考えれば, 結晶の変形速度は

$$\dot{\gamma}=\dot{\gamma}_0\exp\left[-\frac{H(\tau^*)}{kT}\right]$$

で表される (付録 1). T_0 は $\tau^*=0$ となる温度であり, そのときの変形の活性エネルギーはダブルキンクの形成エネルギー ($H(\tau^*=0)=H_0$) となる (付録 1). 一方, 通常の変形速度一定の実験では $H(\tau^*)/kT$ は一定値となり, ほぼ 25 前後である[4]. した

がって

$$H_0 = 25kT_0 \tag{付2.17}$$

H_0 はすでに求めたキンクのエネルギーの 2 倍であるから，

$$T_0 = \frac{0.72}{25k}\mu b^3 \sqrt{\frac{\tau_p}{\mu}} \tag{付2.18}$$

となる[4]．

付録 3
多結晶の弾性定数

単結晶の弾性スティッフネス定数 c_{ij} と弾性コンプライアンス定数 s_{ij} を平均することによって多結晶の弾性定数を導くことができる．単結晶のこれら弾性定数を平均する方法として，一般に以下の 3 つの方法が知られている[7]．K，μ，E，ν は体積弾性率，せん断剛性率，ヤング率，ポアッソン比である．

1. Voigt の方法
    $K_V = 1/9(c_{11}+c_{22}+c_{33}) + 2/9(c_{12}+c_{13}+c_{23})$
    $\mu_V = 1/15(c_{11}+c_{22}+c_{23}-1/15(c_{12}+c_{13}+c_{23})) + 1/5(c_{44}+c_{55}+c_{66})$
2. Reuss の方法
    $1/K_R = (s_{11}+s_{22}+s_{33}) + 2(s_{12}+s_{13}+s_{23})$
    $1/\mu_R = 4/15(s_{11}+s_{22}+s_{33}) - 4/15(s_{12}+s_{13}+s_{23}) + 3/15(s_{44}+s_{55}+s_{66})$
3. Hill の方法
    $K_H = 1/2(K_V + K_R)$
    $\mu_H = 1/2(\mu_V + \mu_R)$

E，ν は 3 方法ともに
    $E = 9K\mu/(3K+\mu)$
    $\nu = (3K-2\mu)/(3K+\mu)/2$
である．

付録 4
弾性定数における Cauchy の関係と原子間結合の異方性

結晶を構成する原子間に働く相互作用力が中心力であれば，すなわち相互作用力が原子対の間隔だけに依存するなら，弾性スティッフネス定数 c_{ij} に以下のような関係が生ずる．

$c_{23}=c_{44}$, $c_{31}=c_{55}$, $c_{12}=c_{66}$, $c_{14}=c_{56}$, $c_{25}=c_{46}$, $c_{45}=c_{36}$

この関係をCauchyの関係とよぶ．たとえば，中心力に近いクーロン力によって結合しているイオン結晶ではこの関係がよく成り立つ．もし，原子間結合に方向性があれば，この関係は成立せず，この関係からのずれの大きさが原子間結合の方向性の目安になる．たとえば，5.3節で取り上げたAl_3Tiのc_{ij}は，$c_{11}=2.177$，$c_{22}=c_{11}$，$c_{33}=2.175$，$c_{44}=0.920$，$c_{55}=c_{44}$，$c_{66}=1.165$，$c_{12}=0.577$，$c_{13}=0.455$，$c_{23}=c_{13}$ (10^2 GPa)[7]（他の成分はAl_3Tiが正方晶であるから0）で，$c_{23}<c_{44}$，$c_{12}<c_{66}$である．金属結晶，たとえば立方晶の金属では一般に$c_{12}>c_{44}$で，ずれの方向が逆になっている．Al_3Tiの場合，自由電子の数が少なく，原子間結合の方向性が強くなっていると考えられている[9]．

付録 5
部分転位の平衡間隔

簡単のため，付図5.1のような対称的な分解を考える．4本の部分転位はすべてらせん転位，バーガースベクトルの大きさはすべてbとする．転位全体のエネルギーE_Tは4本の転位の自己エネルギーの和E_S，4本の転位間の相互作用エネルギーの和E_I(D_1-D_2, D_2-D_3, D_3-D_4, D_1-D_3, D_2-D_4, D_1-D_4の相互作用エネルギーの和)，面欠陥のエネルギーの和E_Pを足し合わせて得られる．このように分解している転位の結晶内の平均間隔をR，個々の部分転位の転位芯の半径をr_0とすれば，転位の単位長さ当たりのE_S，E_I，E_P，E_Tは

$$E_S = 4(\mu b^2/4\pi)\ln(R/r_0) \qquad (付5.1)$$

$$E_I = -((\mu b^2/2\pi)\ln R)(2\ln r_1 + \ln r_2 + 2\ln(r_1+r_2) + \ln(2r_1+r_2)) \qquad (付5.2)$$

$$E_P = 2\gamma_1 r_1 + \gamma_2 r_2 \qquad (付5.3)$$

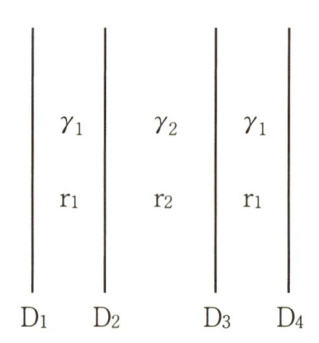

$$E_T = E_S + E_I + E_P \qquad (付5.4)$$

付図 5.1 転位分解と部分転位の平衡間隔．

平衡間隔は

$$\partial E_T/\partial r_1=0, \quad \partial E_T/\partial r_2=0 \qquad (付5.5)$$

を計算することによって求められる．(付5.5)式を計算すれば

$$(\mu b^2/2\pi)(1/r_1+1/(r_1+r_2)+1/(2r_1+r_2))=\gamma_1 \qquad (付5.6)$$

$$(\mu b^2/2\pi)(1/r_2+2/(r_1+r_2)+1/(2r_1+r_2))=\gamma_2 \qquad (付5.7)$$

が得られる．これより r_1, r_2 を計算すればよい．2本の部分転位への分解あるいは多数の部分転位への分解の場合も全く同様に計算すればよい．実験によって，r_1, r_2 が求められれば，これらの関係式を用いて面欠陥のエネルギー γ_1, γ_2 を求めることができる．

付録 6
正方晶の Miller 指数

正方晶の c 軸は他の2軸と等価ではないため，c 軸に関する Miller 指数を他の2軸に関する Miller 指数と同等に取り扱ってはならない．立方晶の〈uvw〉には[wuv]，[uwv]が含まれるが，正方晶では〈uvw〉と書けば c 軸に関する Miller 指数は必ず w でなければならない．具体的には，たとえば〈123〉には，[±1±2±3]と[±2±1±3]が含まれるが，[132]や[312]は含まれない．

付録 7
界面におけるひずみの連続性

z 軸を含み xz 面に平行な界面の両側の結晶（付図7.1）のひずみ成分のうち，次式のように界面の変形に関わる成分がそれぞれ等しければ，界面でのひずみは連続であり，両方の結晶は適合しているという．

$$\varepsilon_{xx}{}^A=\varepsilon_{xx}{}^B, \quad \varepsilon_{zz}{}^A=\varepsilon_{zz}{}^B, \quad \varepsilon_{xz}{}^A=\varepsilon_{xz}{}^B$$

付録 8
クラックの臨界サイズと破壊靱性

1軸引張の場合，ヤング率を E，応力とひずみを σ, ε とすれば，単位体積当たりに蓄積される弾性エネルギーは，

$$U=\frac{1}{2}\sigma\varepsilon=\frac{\sigma^2}{2E} \qquad (付8.1)$$

いま，単位厚さの試料に長さ c のクラックが付図8.1のように発生し，半径 c の領域の弾性エネルギーが開放され，$2\gamma c$ の界面エネルギーがあらたに発生したと考え

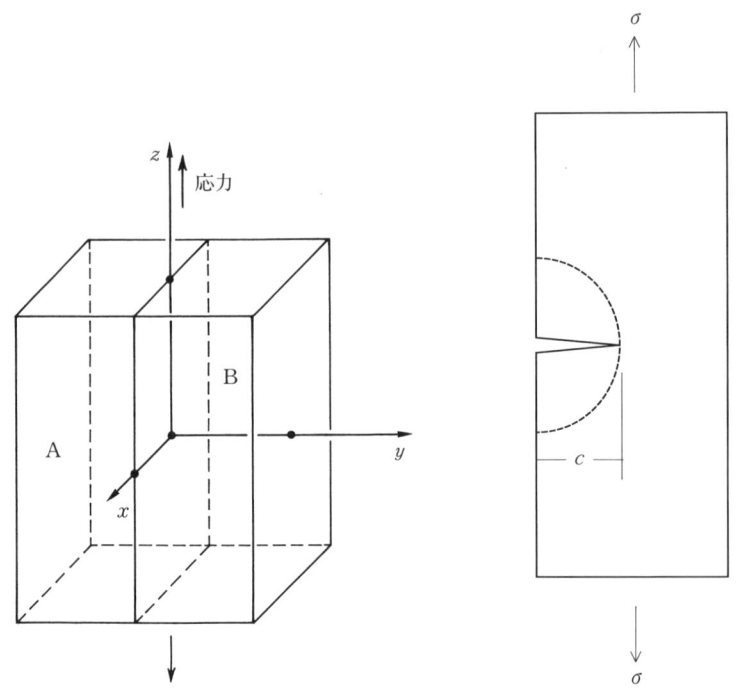

付図 7.1 界面を含む結晶と界面における ひずみの連続性.

付図 8.1 クラックの臨界サイズ.

る．もし，

$$\frac{d}{dc}\left[2\gamma c - \frac{\pi c^2 \sigma^2}{4E}\right] > 0 \tag{付8.2}$$

であれば，クラックは進展しない．したがって破壊応力 σ_f は，

$$2\gamma = \frac{\pi c \sigma_f^2}{2E} \tag{付8.3}$$

によって与えられ，

$$\sigma_f = 2\sqrt{\frac{\gamma E}{\pi c}} \tag{付8.4}$$

クラックの臨界サイズは

$$c = \frac{4\gamma E}{\pi \sigma_f^2} \tag{付8.5}$$

付録 8 クラックの臨界サイズと破壊靱性

である．クラック先端での応力とひずみをもっと厳密に取り扱えば，

$$\sigma_f = \sqrt{\frac{2\gamma E}{\pi c}} \tag{付8.6}$$

クラックの臨界サイズは

$$c = \frac{2\gamma E}{\pi \sigma_f^2} \tag{付8.7}$$

となることが知られている．ここで

$$K_c = \sqrt{2\gamma E} \tag{付8.8}$$

K_c のことを破壊靱性とよぶ．

参 考 文 献

1. 山口正治, 馬越佑吉, 金属間化合物, 日刊工業新聞社 (1984).
2. F. Laves, Intermetallic Compounds, Ed., J. H. Westbrook, Robert E. Krieger Publishing Company (1977), p. 129.
3. 金属便覧 改訂 6 版, 日本金属学会 (2000), p. 586.
4. 竹内 伸, 材料科学, **22** (1985) 50.
5. 鈴木敬愛, 竹内 伸, 応用物理, **58** (1989) 1743.
6. J. R. Rice and R. Thomson, Phil. Mag., **29** (1974) 73.
7. M. Nakamura, Intermetallic Compounds Vol. 1, Eds. J. H. Westbrook and R. L. Fleischer, John Wiley & Sons, Ltd. (1994), p. 873.
8. Lattice Theory of Elastic Constants, Ed. S. Sengupta, Trans Tech Publications Ltd, 1988.
9. 田中克志, まてりあ, **35** (1996) 380.
10. M. Yamaguchi and H. Inui, Intermetallic Compounds Vol. 2, Eds. J. H. Westbrook and R. L. Fleischer, John Wiley & Sons, Ltd. (1994), p. 147.
11. R. N. Wright, Met. Trans., **8A** (1977) 2024.
12. 合金化溶融亜鉛めっき皮膜の構造と特性 (中間報告会, 平成 14 年 3 月 29 日, 社団法人日本鉄鋼協会材料の組織と特性部会, 合金化溶融亜鉛めっき皮膜の構造と特性部会), 日本鉄鋼協会.
13. S. Amelincks, Dislocations in Solids Vol. 2, Ed. F. R. N. Nabarro, North-Holland Publishing Company (1979), p. 67.
14. 山口正治, 金属間化合物と材料, 日本材料学会編, 裳華房 (1995), p. 1.
15. M. Yamaguchi and Y. Umakoshi, Prog. Mater. Sci., **34** (1990) 1.
16. Y-Q. Sun, 文献 7 (1994), p. 495.
17. P. Veyssiere and G. Saada, Dislocations in Solids, Vol. 10, Eds. F. R. N. Nabarro and M. S. Duesbery, Elsevier Science (1996), p. 253.
18. D. M. Wee, D. P. Pope and V. Vitek, Acta Metall., **32** (1984) 829.
19. J. P. Hirth and J. Lothe, Theory of Dislocations, McGraw-Hill (1968), p. 371.

20. R. M. Fisher and M. J. Marcinkowski, Phil. Mag., **6** (1961) 1385.
21. M. H. Yoo, Intermetallic Compounds Vol. 3, Eds. J. H. Westbrook and R. L. Fleischer, John Wiley & Sons, Ltd. (2002), p. 403.
22. Y. A. Chang and J. P. Neumann, Prog. Solid St. Chem., **14** (1982) 221.
23. 古我知峯雄, 原口友秀, まてりあ, **39** (2000) 489.
24. 小岩昌宏, まてりあ, **37** (1998) 347.
25. 中嶋英雄, まてりあ, **35** (1996) 1065.
26. 池田輝之, 古良田卓, 中嶋英雄, 沼倉　宏, 小岩昌宏, まてりあ, **39** (2000) 502.
27. T. Ikeda, H. Kadowaki, H. Nakajima, H. Inui, M. Yamaguchi and M. Koiwa, Mater. Sci. Eng., **A312** (2001) 155.
28. J. H. Westbrook, Trans. AIME, **209** (1957) 898.
29. B. H. Kear and H. G. Wilsdorf, Trans. Metall. Soc. AIME, **224** (1962) 382.
30. S. Takeuchi and E. Kuramoto, Acta Metall., **21** (1973) 415.
31. V. Vitek, D. P. Pope and J. L. Bassani, 文献 17 (1996), p. 135.
32. J. L. Jordan and S. C. Deevi, Intermetallics, **11** (2003) 507.
33. 鈴木秀次, 転位論入門, アグネ (1967), 第9章.
34. E. P. George and I. Baker, Phil. Mag. A, **77** (1998) 737.
35. J. H. Westbrook, J. Electrochem. Soc., **103** (1956) 54.
36. W. Sprengel, M. A. Muller and H. E. Schaefer, 文献 21 (2002), p. 275.
37. T. Takasugi, K. Tsurisaki, O. Izumi and S. Ono, Phil. Mag. A, **61** (1990) 785.
38. E. Kuramoto and D. P. Pope, Phil. Mag. A, **33** (1976) 675.
39. H. Saka, Mem. Sch. Eng. Nagoya Univ., **52** (2000) 53.
40. Y. Q. Sun and P. M. Hazzledine, Phil. Mag. A, **58** (1988) 603.
41. G. L. Erickson, ASM Handbook, Vol. 1 (1990), p. 981.
42. 湯川夏夫, 新材料開発と材料設計学, 三島良績, 岩田修一編, ソフトサイエンス社 (1985), p. 79.
43. T. Khan, P. Caron and S. Naka, High Temperature Aluminides and Intermetallics, Eds., S. H. Whang, C. T. Liu, D. P. Pope and J. O. Stiegler, TMS (1990), p. 219.
44. P. H. Thornton, R. G. Davies and T. L. Johnson, Metall. Trans., **1** (1970) 207.
45. H. Inui, M. Matsumuro, D-H. Wu and M. Yamaguchi, Phil. Mag. A, **75** (1997) 395.
46. T. Fujiwara, A. Nakamura, M. Hosomi, S. R. Nishitani, Y. Shirai and M.

Yamaguchi, Phil. Mag. A, **61** (1990) 591.
47. H. Inui, M. H. Oh, A. Nakamura and M. Yamaguchi, Acta Metall. Mater., **40** (1992) 3095.
48. K. Kishida, D. R. Johnson, Y. Masuda, H. Umeda, H. Inui and M. Yamaguchi, Intermetallics, **6** (1998) 679.
49. K. Kishida, H. Inui and M. Yamaguchi, Phil. Mag. A, **78** (1998) 1.
50. M. Yamaguchi, H. Inui and K. Ito, Acta Mater., **48** (2000) 307.
51. Y-W. Kim and D. M. Dimiduk, Structural Intermetallics 1997, Eds., M. V. Nathal, R. Darolia, C. T. Liu, P. L. Martin, D. B. Miracle, R. Wagner and M. Yamaguchi, TMS (1997), p. 531.
52. D. M. Dimiduk, P. M. Hazzledine, T. P. Seshagiri and M. D. Mendiratta, Mater. Trans. A, **29** (1998) 37.
53. Y-W. Kim, JOM, **46**(7) (1994) 30.
54. T. Abe et al., Structural Intermetallics 2001, Eds., K. J. Hemker, D. M. Dimiduk, H. Clemens, R. Darolia, H. Inui, J. M. Larsen, V. K. Sikka, M. Thomas and J. D. Whittenberger, TMS (2001), 35.
55. S. Muto, T. Yamanaka, H. N. Lee, D. R. Johnson, H. Inui and M. Yamaguchi, Adv. Eng. Mater., **3** (2001) 391.
56. H. Kawaura, K. Nishino and T. Saito, 文献 51 (1997), p. 377.
57. 川浦宏之, 川原 博, 西野和彰, 斉藤 卓, まてりあ, **37** (1998) 504.
58. 青木 清, 和泉 修, 日本金属学会誌, **43** (1979) 359, 1190.
59. C. T. Liu, C. L. White and J. A. Horton, Acta Metall., **33** (1985) 213.
60. N. Masahashi, T. Takasugi and O. Izumi, Acta Metall., **36** (1988) 1823.
61. 花田修治, まてりあ, **35** (1996) 1077.
62. C. T. Liu, E. H. Lee and C. G. McKamey, Scripta Met., **23** (1989) 875.
63. N. S. Stoloff, Physical Metallurgy and Processing of Intermetallic Compounds, Eds., N. S. Stoloff and V. K. Sikka, Chapman & Hall, 1996, p. 479.
64. A. K. Vasudevan and J. J. Petrovic, Mater. Sci. Eng., **A155** (1992) 1.
65. 伊藤和博, まてりあ, **35** (1996) 1102.
66. K. Ito et al., Intermetallics, **9** (2001) 591.
67. K. Ito, H. Inui, Y. Shirai and M. Yamaguchi, Phil. Mag. A, **72** (1995) 1075.
68. M. Meyer, M. Kramer and M. Akinc, Adv. Mater., **8** (1996) 85.
69. C. A. Nunes, R. Sakidja and J. H. Perepezko, 文献 51 (1997), p. 831.

70. 村上 敬, 伊藤和博, 山口正治, まてりあ, **41** (2002) 432.
71. J. K. Wessel and W. G. Long, Adv. Mater. Proc., **161**(6) (2003) 55.
72. V. K. Sikka and S. C. Deevi, 文献 21 (2002), p. 501.
73. 鉄井利光, 京谷美智男, 野田俊治, 芝田智樹, 畑 浩己, まてりあ, **39** (2000) 193.
74. 服部 博, 正木彰樹, 日本航空宇宙学会誌, **43** (1995), 495.
75. Y. A. Chang, L. M. Pike, C. T. Liu, A. R. Bilbrey and D. S. Stone, Intermetallics, **1** (1993) 107.
76. D. M. Wee and T. Suzuki, Trans. Japan Inst. Metals, **20** (1979) 634.
77. H. Inui, M. H. Oh, A. Nakamura and M. Yamaguchi, Phil. Mag. A, **66** (1992) 539.

あとがき

　"実用的な視点に立った研究"の重要性が繰り返し語られながらもむしろ旺盛な学問的興味に触発された金属間化合物研究が急速に発展した時期から，あっという間に真正面から実用性が問われる時期に突入し，熱気に包まれていたこの分野の研究に再編の波が押し寄せている．このように"academic interest oriented"から"practical usefulness oriented"に研究の流れが変わりつつあるのは，科学，特に工学分野の研究者に経済的なインパクトのある研究成果を求める社会的圧力が高まっているからであり，どの分野でも共通のことではある．しかし，研究が深まり一定の水準に達すれば，単に科学的好奇心を満たし真理に迫るだけでは十分ではなくなり，成果の社会的有用性が問われるのも研究の発展過程における必然である．確かに，金属間化合物，特に構造材料としての金属間化合物の研究もそのような発展過程を経て，いまや"practical usefulness oriented"な方面へ急激に重心を移しつつある．しかし，研究の立ち上がりから，急激な発展を遂げ，応用が重視される段階に至るまで約20年しか要していない．この点で研究の進展が緩やかな構造材料としては異例である．

　つい最近まで，たとえば"高融点遷移金属シリサイドの延性化"のような研究にも研究費が与えられさまざまな試みがなされている．しかし，いまや金属間化合物の脆さに対する理解が進み，脆さの改善が可能なもの，不可能と考えられるものが明瞭になりつつある．その意味で，今後このようなタイプの研究が支持されることはなくなるだろう．その脆さゆえに金属材料の世界の鬼子扱いされた時代を第1期とすれば，金属間化合物がもっている優れた特性に注目が集まり基礎研究が進展した最近の10数年は第2期であったといえる．いま，その優れた特性の実用化が求められる第3期の研究に入りつつある．単に興味ある性質に注目するだけではなく，これまでのこの分野の研究成果を踏まえ，

時代の要求に沿い得る成果を出すべく，冷静な検討が求められる．"金属間化合物のここまではわかっている．しかし，これ以上はわかっていない"という基礎的視点を獲得するために本書が役立てば幸いである．

索　引

あ
圧縮変形能……………………………35
α 初晶合金 ……………………………106
アンチサイト原子 …………………56, 57

い
異常強化現象…………………………76
異常強度とひずみ量の関係…………87
一方向凝固合金………………………80
一方向凝固法…………………………81

え
鋭利なクラック………………………30
Al_3Ti ……………………………32-34, 40
A15 構造 ………………………………17
APB ……………………………………39, 40
　　──エネルギー ………………39, 70
　　──エネルギーの異方性………51
SRR 99 合金 ………………………79, 85
NiAl ……………………4-6, 21, 49, 58-61, 65
Ni-Al 系 2 元状態図 ……………………4
Ni_3Al ……4, 5, 19, 48, 66, 68, 69, 75, 86, 112-114, 124
FeAl ……………………21, 58, 61, 73, 115
　　──基合金 ………………………124
　　──の環境脆性 …………………115
　　──の原子空孔移動エネルギー…74
　　──の原子空孔形成エネルギー…74
　　──の薄板ヒーター ……………126
　　──の薄板への加工……………75
Fe_3Al ………………………………49, 76
FeCo …………………………9, 49, 61, 76
fcc 構造の四面体空隙 ………………25

fcc 構造の八面体空隙 ………………25
$MoSi_2$ ……………………………117-121
Mo_5Si_3 ……………………………117-121
Mo_5SiB_2 …………………………122
$L1_0$ 構造 …………………………14, 19, 20
　　──の双晶……………………52
$L1_2$ 構造 …………………………19, 20, 45
延性……………………………………3, 18

か
化学量論………………………………7
　　──組成 …………………………19
拡散……………………………………62
　　──係数 …………………………63
活性化体積……………………………130
環境脆性………………………………114
完全転位………………………………40
γ/γ' 相境界 ……………………85
γ/γ' 2 相組織 ……………………79
γ/γ ラメラ境界 ……………………91

き
擬双晶関係……………………………91
規則化エネルギー……………………39
規則合金………………………………8
規則格子転位…………………………39
規則格子部分転位 …………………39, 46
　　──の平衡間隔……………39, 136
規則-不規則変態……………………8
基本単位格子…………………………11
逆位相境界 …………………………37, 39
強度の逆温度依存性 ………………69, 73
キンク…………………………………27

——のエネルギー ……………133
——の形状 ………………132
金属化合物 ……………………7
金属間化合物 …………………5,7
金属間規則格子化合物………18,23,48

く
空間群……………………………15
クラック
　鋭利な—— …………………30
　——の臨界サイズ …………104,137
　鈍化した—— ………………30
クリープ強度 ……………………120

け
結晶系……………………………11
結晶の強度………………………23
結晶方位関係 …………………79,89,105
原子空孔…………………………56
　——移動エネルギー………63,74
　——形成エネルギー………63,74
　——形成の非対称性 ………58,60
　——による強化機構…………73

こ
交差すべり………………………70
Cauchy の関係 …………………135
格子のミスマッチ………………79
構造欠陥…………………………56
コーティング ……………6,111,117
固溶強化…………………………62

し
GCP 相 …………………………26
CoAl ……………………49,58,61
CoGa ……………………………65
Cu_3Au ………………………9,51,76
CuAu ……………………………9
CuZn ……………………7,49,64,76
ジェットエンジン ………………1
　——のタービンブレード……81
σ 相 ……………………………26
自己拡散のメカニズム…………63
種結晶 …………………………105
　——に求められる条件 ……106
ショックレー部分転位…………44
靭性………………………………3

す
スーパーアロイ ………………2,5,78
　——の組成……………………83
すべり……………………………24
　——系…………………………24,119

せ
整合相境界………………………86
正方晶の Miller 指数 ………55,137
積層欠陥………………………41,43
　——のエネルギー …………43

そ
双晶………………………………51
　——関係………………………91
　——系………………………55,100
塑性変形能………………………28
soft mode の変形 ………………101

た
第 1 世代合金……………………84
第 2 世代合金……………………84
第 3 世代合金……………………84
第 4 世代合金……………………85
耐酸化コーティング …………111
　——材…………………………6

索　引

耐酸化性 …………………………… 2, 3
耐浸炭性 …………………………… 124
第2近接直接ジャンプモデル ……… 63
耐熱上限温度 ……………………… 84
多結晶の弾性定数 ………………… 135
ダブルキンクの形成エネルギー …… 132
ダブルキンクモデル ……………… 26, 27
単位格子 …………………………… 11
単結晶合金 ……………………… 80, 83
弾性コンプライアンス定数 ……… 135
弾性スティッフネス定数 ………… 135
弾性定数 …………………………… 33
　　　多結晶の―― ……………… 135
鍛造合金 …………………………… 80

ち
中間相 ……………………………… 9
鋳造合金 …………………………… 80
稠密構造 …………………………… 25

つ
強さの温度依存性 ………………… 68

て
TiAl …………………………… 19, 66, 87
　　　――ターボチャージャーローター
　　　　………………………………… 127
　　　――排気バルブ ……………… 127
TiAl基合金 ………………………… 88
　　　――の一方向凝固 …………… 105
　　　――のクリープ ……………… 108
　　　――の実用化 ………………… 126
　　　――の耐酸化性 ……………… 109
　　　――のラメラ組織 …………… 89
Ti_3Al ……………………………… 21, 87
TRD ………………………………… 60
　　　――モデル …………………… 63

低圧タービン翼 …………………… 126
$D0_{19}$構造 ……………………… 20, 21
$D0_3$構造 ………………………… 19, 40
TCP相 ……………………………… 26
d/b比 ……………………… 23, 24, 25, 29
鉄-亜鉛系 ………………………… 35
転位全体のエネルギー …………… 136
転位分解 …………… 39, 41, 45, 47, 48, 69
点欠陥 ……………………………… 56

と
等軸粒組織 …………………… 93, 104
鈍化したクラック ………………… 30

に
NbはTiAl基合金にとって必須の
　合金元素である ………………… 110

ね
熱平衡空孔量 ……………………… 57

は
バーガースベクトル ……………… 23
hard modeの変形 ………………… 101
配位数 ……………………………… 25
パイエルス応力 ……………… 22, 23
破壊靱性 …………………………… 137
　　　$MoSi_2$の―― ………………… 118
破断強度 …………………………… 84
バリアント ………………………… 91
　　　――の方位関係 ……………… 91

ひ
PST結晶 ……………………… 94, 96
　　　――の巨視的変形 …………… 101
　　　――の破壊靱性 ……………… 102
　　　――の降伏応力と引張伸びの

方位依存性 ················97
B2 構造 ······················19
ひずみの適合条件 ·············101
ひずみの適合性 ···············100
120° 回転関係 ··················91
Hill の方法 ···················135

ふ

Voigt の方法 ··················135
複雑な結晶構造 ················26
部分転位の平衡間隔 ············136
Fleischer のモデル ··············73
ブラベー格子 ···················11

へ

β 初晶合金 ················106
へき開破壊 ·················30,32
ペスト ······················118
——現象 ···················119
変形応力が温度に依存しなくなる
  温度 T_0 ···············28,134
変形応力の温度依存性 ······129,131
変形の異方性 ···················99
変形の活性化エネルギー ········130
変形能 ························18
変形モード ····················99

ほ

Hall-Petch 則 ···············98,104
B 添加 Ni_3Al ················113

み

μ 相 ·······················26

も

脆さ ······················34,35
——の傾向 ··················32

ゆ

優先成長方向 ··················81

ら

Rice-Thomson のモデル ··········30
ラメラ組織 ···················103
——の方位制御 ············106

り

粒界破壊 ····················113
粒内破壊 ····················115

ろ

6 サイクル空孔ジャンプモデル ····63
炉の発熱体 ··················119

Index

A
A 15 17
AgMg 61,64
Al$_3$Ti 32-34,40
antiphase domain (APD) 49,50
APB (antiphase boundary)
........................39,40,49,51,70
AuCd 61,64

B
B2 19
Berthollide 10

C
Cauchy 135
CMSX-2 85
CoAl 49,58,61
CoGa 65
complex stacking fault (CSF) ...47,52
congruently melting compound 10
Cu$_3$Au 9,51,76
CuAu 9
CuZn 7,49,64,76

D
D0$_3$ 19,40
D0$_{19}$ 20,21
Daltonide 10

F
fcc 25,41
Fe$_3$Al 49,76
Fe$_3$(Al, Si) 77

F
FeAl 21,58,61,73-75,115,124,126
FeCo 9,49,61,76
(FeCo)$_3$V 76
Fleischer 73

G
GaAs 10
GCP 26

H
Hall-Petch 98,104
hard mode 101
Hastelloy 5
Hill 135

I
Inconel-713 C 83,84,109,110
intermetallic superlattice compound
..................................19

K
Kear-Wilsdorf 71,72
Kurnakov compound 9

L
L1$_0$ 14,19,20,52
L1$_2$ 19,20,45
line compound 10

M
Mo$_5$Si$_3$ 117-121
Mo$_5$SiB$_2$ 122
MoSi$_2$ 117-121

N

Nb ···110
$Nb_{14}Si_3B_3$ ································123
$Nb_3Si_5Al_2$ ································123
$Nb_5Si_3B_2$ ································123
Ni_3Al ······4,5,19,48,66,68,69,75,86, 112-114,124
Ni_3Ga ·····································65,71
Ni_3Ge ··65
NiAl ················4-6,21,49,58-61,65

O

ordered twin·································53

P

Pearson symbol ····························13
Pearson's Handbook ·····················15
Peierls ··23
polysynthetic twinning ··················95
polysynthetically twinned (PST) crystal ·································95-102
Pt_3Al ··48

R

restoring force·····························22

Reuss ·······································135
Rice-Thomson···························30

S

soft mode ································101
SRR 99 ································79,85
stress rupture strength ···············84
structure prototype ····················15
Strukturbericht symbol···············17
superlattice intrinsic stacking fault (SISF) ···························46,47,52

T

$TaSi_2$ ···28
TCP ··26
Ti_3Al ··21
Ti_3Al (a_2) ······························87,101
TiAl ···19,66,88,89,105,108,109,126, 127
TiAl (γ) ·······································87
triple defect (TRD) ················60,63
true twin ···································53

V

Voigt ······································135

材料学シリーズ　監修者

堂山昌男
東京大学名誉教授
帝京科学大学名誉教授
Ph. D., 工学博士

小川恵一
横浜市立大学学長
Ph. D.

北田正弘
東京芸術大学教授
工学博士

著者略歴　山口　正治（やまぐち　まさはる）
1940 年　大阪府で生まれる
1963 年　大阪大学工学部冶金学科卒
1965 年　大阪大学大学院工学研究科修士課程冶金学専攻修了
1987 年　京都大学工学部教授　現在に至る

乾　晴行（いぬい　はるゆき）
1961 年　兵庫県で生まれる
1983 年　大阪大学工学部金属材料工学科卒
1988 年　大阪大学大学院工学研究科博士課程
　　　　　金属材料工学専攻修了
1996 年　京都大学大学院工学研究科助教授　現在に至る

伊藤　和博（いとう　かずひろ）
1968 年　京都府で生まれる
1991 年　京都大学工学部金属加工学科卒
1996 年　京都大学大学院工学研究科博士課程金属加工学専攻修了
1998 年　京都大学大学院工学研究科助手　現在に至る

検印省略

2004 年 3 月 31 日　第 1 版発行

材料学シリーズ
金属間化合物入門

著　者Ⓒ　山口　正治
　　　　　乾　　晴行
　　　　　伊藤　和博
発行者　　内田　　悟
印刷者　　山岡　景仁

発行所　株式会社　**内田老鶴圃**　〒112-0012 東京都文京区大塚 3 丁目34番 3 号
　　　　電話 (03) 3945-6781(代)・FAX (03) 3945-6782
　　　　　　　　　　　　　　　　　　　　印刷・製本/三美印刷 K. K.

Published by UCHIDA ROKAKUHO PUBLISHING CO., LTD.
3-34-3 Otsuka, Bunkyo-ku, Tokyo, Japan

U. R. No. 534-1

ISBN 4-7536-5621-7 C3042

材料学シリーズ　堂山昌男・小川恵一・北田正弘　監修　各A5判

金属間化合物入門

山口正治・乾　晴行・伊藤和博　著　164頁・本体2800円

金属間化合物を取り扱うための一般的基礎知識について説明し，続いて金属間化合物を主体とする材料にはどのような優れた性質と問題があるのか，さらに現在どのような金属間化合物がどのようなところに用いられているのか，できるだけ平易に解説する．

既刊書			
金属電子論　上・下	水谷宇一郎著	上・276p.	3000円　下・272p.・3200円
結晶・準結晶・アモルファス	竹内　伸・枝川圭一著	192p.	本体3200円
オプトエレクトロニクス	水野博之著	264p.	本体3500円
結晶電子顕微鏡学	坂　公恭著	248p.	本体3600円
X線構造解析	早稲田嘉夫・松原英一郎著	308p.	本体3800円
セラミックスの物理	上垣外修己・神谷信雄著	256p.	本体3500円
水素と金属	深井　有・田中一英・内田裕久著	272p.	本体3800円
バンド理論	小口多美夫著	144p.	本体2800円
高温超伝導の材料科学	村上雅人著	264p.	本体3600円
金属物性学の基礎	沖　憲典・江口鐵男著	144p.	本体2300円
入門　材料電磁プロセッシング	浅井滋生著	136p.	本体3000円
金属の相変態	榎本正人著	304p.	本体3800円
再結晶と材料組織	古林英一著	212p.	本体3500円
鉄鋼材料の科学	谷野　満・鈴木　茂著	304p.	本体3800円
人工格子入門	新庄輝也著	160p.	本体2800円
入門　結晶化学	庄野安彦・床次正安著	224p.	本体3600円
入門　表面分析	吉原一紘著	224p.	本体3600円
結晶成長	後藤芳彦著	208p.	本体3200円
金属電子論の基礎	沖　憲典・江口鐵男著	160p.	本体2500円

高温強度の材料科学

丸山公一　編著　中島英治　著
A5判・352頁・本体6200円

ガラス科学の基礎と応用

作花済夫　著
A5判・372頁・本体5700円

物質の構造　—マクロ材料からナノ材料まで—

アレン・トーマス　共著　斎藤秀俊・大塚正久　共訳
A5判・548頁・本体8800円

アルミニウム合金の強度

小林俊郎　編著
A5判・340頁・本体5800円